BRIDE
HAIRSTYLE

新娘经典
韩式发型
全攻略

安洋◎编著

人民邮电出版社
北京

图书在版编目（CIP）数据

新娘经典韩式发型全攻略 / 安洋编著. -- 北京：
人民邮电出版社，2017.7
ISBN 978-7-115-45807-0

Ⅰ．①新… Ⅱ．①安… Ⅲ．①发型－设计 Ⅳ.
①TS974.21

中国版本图书馆CIP数据核字(2017)第105852号

内 容 提 要

本书精选了108个韩式新娘发型案例，其中包含30款新娘浪漫唯美发型、25款新娘灵动自然发型、28款新娘复古优雅发型，以及25款新娘简约大气发型。本书图文并茂，步骤分解详细，文字描述清晰，而且每个案例都会展示4张完成效果图。书中16个案例配有相应的教学视频（扫描二维码即可观看），能够帮助读者更好地学习发型操作方法及技巧，使读者能够举一反三。

本书适合化妆造型师、新娘跟妆师学习和使用，也可以作为相关培训机构的学员的参考用书。

◆ 编　著　安　洋
责任编辑　赵　迟
责任印制　陈　犇

◆ 人民邮电出版社出版发行　　北京市丰台区成寿寺路11号
邮编　100164　　电子邮件　315@ptpress.com.cn
网址　http://www.ptpress.com.cn
北京盛通印刷股份有限公司印刷

◆ 开本：889×1194　1/16
印张：15
字数：546千字　　　　　　　　　2017年7月第1版
印数：1－2 200册　　　　　　　　2017年7月北京第1次印刷

定价：118.00元

读者服务热线：(010)81055410　印装质量热线：(010)81055316
反盗版热线：(010)81055315
广告经营许可证：京东工商广登字20170147号

前　言

　　新娘化妆造型是化妆造型领域中需求量非常大的一个方向，究其原因，主要是新娘化妆造型的顾客群体面向大众，相对于其他化妆造型领域的顾客群体更加广泛。在新娘化妆造型中，造型相对于妆容来说在技术上难度会更大，这主要是由于造型时新娘的发量、发长、喜好等不确定的因素相对于妆容会更多一些。新娘化妆造型是一个服务性的行业，新娘化妆造型师不能只掌握少量的几个造型，而不去从顾客的实际需求出发。每个人的审美各不相同，化妆造型师应该从自己的专业角度给顾客合理的建议，为顾客打造合适的造型。所以，化妆造型师需要掌握更多的造型样式，以便满足顾客的不同需求。

　　学习造型不能仅仅照样学样，而是要根据不同的人所适合的风格及他们的需求加以变化。将所学的造型运用到工作中时，首先要确定顾客适合的风格，然后对细节进行调整。本书共有 108 个韩式新娘发型案例，根据风格的不同将其划分为新娘浪漫唯美发型、新娘灵动自然发型、新娘复古优雅发型和新娘简约大气发型四个系列。在每一个系列的造型中，运用的造型手法以及饰品的搭配方式会有所不同，大家在学习的时候要多加注意，以使自己在处理造型的时候能更加游刃有余。

　　造型的样式可以千变万化，面对不同的人、不同的发量，做不同的细节处理就能打造出全新的造型样式。希望大家在学习书中的造型案例时能从手法和细节出发，而不是一味地模仿，这样才能掌握更多的造型，创造出更符合顾客需求的造型样式。

　　书中有 16 款经典发型配有相应的教学视频，能够有效地帮助读者学习造型手法及造型重点。

　　书中涉及的模特及工作人员众多，在此深表感谢，同时特别感谢配合我工作的学生们，谢谢一路上有你们的陪伴。

　　最后感谢赵迟老师对我的督促和大力支持，使我在不断进步的同时完成本书。

安洋

2017.4

▶附带教学视频　新娘浪漫唯美发型 (014)

▶附带教学视频　新娘浪漫唯美发型 (016)

▶附带教学视频　新娘浪漫唯美发型 (018)

▶附带教学视频　新娘浪漫唯美发型 (020)

新娘浪漫唯美发型 (022)

新娘浪漫唯美发型 (024)

新娘浪漫唯美发型 (026)

新娘浪漫唯美发型 (028)

新娘浪漫唯美发型 (030)

新娘浪漫唯美发型 (032)

新娘浪漫唯美发型 (034)

新娘浪漫唯美发型 (036)

新娘浪漫唯美发型 (038)

新娘浪漫唯美发型 (040)

新娘浪漫唯美发型 (042)

新娘浪漫唯美发型 (044)

新娘浪漫唯美发型 (046)

新娘浪漫唯美发型 (048)

新娘浪漫唯美发型 (050)

新娘浪漫唯美发型 (052)

新娘浪漫唯美发型 (054)

新娘浪漫唯美发型 (056)

新娘浪漫唯美发型 (058)

新娘浪漫唯美发型 (060)

新娘浪漫唯美发型 (062)

新娘浪漫唯美发型 (064)

新娘浪漫唯美发型 (066)

新娘浪漫唯美发型 (068)

新娘浪漫唯美发型 (070)

新娘浪漫唯美发型 (072)

▶ 附带教学视频

新娘灵动自然发型 (076)

新娘灵动自然发型 (078)

▶ 附带教学视频

新娘灵动自然发型 (080)

新娘灵动自然发型 (082)

▶ 附带教学视频

新娘灵动自然发型 (084)

▶ 附带教学视频

新娘灵动自然发型 (086)

新娘灵动自然发型 (088)

新娘灵动自然发型 (090)

新娘灵动自然发型 (092)

新娘灵动自然发型 (094)

新娘灵动自然发型 (096)

新娘灵动自然发型 (098)

新娘灵动自然发型 (100)

新娘灵动自然发型 (102)

新娘灵动自然发型 (104)

新娘灵动自然发型 (106)

新娘灵动自然发型 (108)

新娘灵动自然发型 (110)

新娘灵动自然发型 (112)

新娘灵动自然发型 (114)

新娘灵动自然发型 116
新娘灵动自然发型 118
新娘灵动自然发型 120
新娘灵动自然发型 122
新娘灵动自然发型 124

附带教学视频
新娘复古优雅发型 128
新娘复古优雅发型 130
新娘复古优雅发型 132
新娘复古优雅发型 134
新娘复古优雅发型 136

新娘复古优雅发型 138
新娘复古优雅发型 140
新娘复古优雅发型 142

附带教学视频
新娘复古优雅发型 144
附带教学视频
新娘复古优雅发型 146

新娘复古优雅发型 148
附带教学视频
新娘复古优雅发型 150
新娘复古优雅发型 152
新娘复古优雅发型 154
新娘复古优雅发型 156

新娘复古优雅发型 158
新娘复古优雅发型 160
新娘复古优雅发型 162
新娘复古优雅发型 164
新娘复古优雅发型 166

新娘复古优雅发型 (168)

新娘复古优雅发型 (170)

新娘复古优雅发型 (172)

新娘复古优雅发型 (174)

新娘复古优雅发型 (176)

新娘复古优雅发型 (178)

新娘复古优雅发型 (180)

新娘复古优雅发型 (182)

附带教学视频

新娘简约大气发型 (186)

附带教学视频

新娘简约大气发型 (188)

新娘简约大气发型 (190)

新娘简约大气发型 (192)

新娘简约大气发型 (194)

新娘简约大气发型 (196)

新娘简约大气发型 (198)

新娘简约大气发型 (200)

新娘简约大气发型 (202)

新娘简约大气发型 (204)

附带教学视频

新娘简约大气发型 (206)

附带教学视频

新娘简约大气发型 (208)

新娘简约大气发型 (210)

新娘简约大气发型 (212)

新娘简约大气发型 (214)

新娘简约大气发型
185

新娘简约大气发型 216

新娘简约大气发型 218

新娘简约大气发型 220

新娘简约大气发型 222

新娘简约大气发型 224

新娘简约大气发型 226

新娘简约大气发型 228

新娘简约大气发型 230

新娘简约大气发型 232

新娘简约大气发型 234

新娘浪漫唯美发型

▶扫描二维码
观看教学视频

BRIDE HAIRSTYLE

新娘浪漫
唯美发型

TUTORIAL

在打造此款发型时，穿插到后发区辫子中的
头发两边不需要完全对称，只要做到均衡就
可以了，过于对称会使发型显得生硬。

01　将顶区的头发扭转，适当向上推并固定。

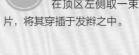

02　在顶区两侧取头发，将所取的发片与固定后的发尾结合，进行三股编发。

03　在顶区左侧取一束发片，将其穿插于发辫之中。

04　在顶区右侧取一束发片，将其穿插于发辫之中。

05　以同样的方式在辫子左右两侧分别取发片，穿插在发辫之中。

06　在后发区下方将发尾向上打卷，收起后固定。

07　将右侧发区的头发穿插在后发区的辫子中。

08　将左侧发区的头发穿插在后发区的辫子中。

09　将刘海区及左侧发区剩余的头发烫卷。

10　用尖尾梳倒梳头发，增加发丝的层次感。

11　调整发丝层次，将其在后发区固定。

12　在后发区佩戴饰品，装饰发型。

015

▶扫描二维码
观看教学视频

BRIDE HAIRSTYLE

新娘浪漫
唯美发型

TUTORIAL

在打造此款发型时，注意用刘海区的抽丝将发型提升一定的高度，使发型的轮廓更加饱满。

01 在头顶位置取两束发片，进行编发。

02 将编好的发辫进行抽丝，使其更具有层次感。

03 将抽丝好的发辫向上打卷并固定。

04 在头顶左侧区取两束发片，进行两股编发。

05 将编好的头发抽丝，使其有层次感，将发辫固定在头顶。

06 在后发区上方取两束发片，进行两股编发并抽出层次。

07 将抽丝好的发辫在后发区左上方固定。

08 在后发区左侧取头发，进行两股续发编发后将其固定。

09 将后发区右下方的头发进行两股编发，抽出层次并固定。

10 将后发区剩余的头发进行两股编发后固定。

11 将刘海区的头发做两股编发，抽出层次后固定。

12 将两侧发区的头发进行两股编发后抽丝，抽出层次。

13 对头发进行喷胶定型并调整层次。

14 在两侧发区佩戴饰品，装饰发型。

▶ 扫描二维码
观看教学视频

BRIDE HAIRSTYLE

新娘浪漫
唯美发型

♥ ♥

TUTORIAL

打造此款发型时，将刘海区的头发分层处理，抽出层次，使发型的纹理更加丰富。佩戴羽毛饰品，修饰左侧发区的同时可使发型的轮廓更加饱满。

01 将顶区头发进行鱼骨辫编发。

02 将编好的头发适当抽松，在后发区向下打卷并固定。

03 在顶区右侧取头发，进行两股编发。

04 将编好的头发抽丝，使其具有层次。

05 将抽丝后的头发在后发区的左上方固定。

06 在左侧发区取头发，进行两股编发并抽出层次。

07 将抽丝后的头发在后发区偏右侧固定。

08 将后发区右侧下方的头发进行两股编发，抽出层次，并将其在后发区左侧固定。

09 在后发区左下方取一束头发，进行两股编发，适当抽丝后，将其固定在后发区右下方。

10 将后发区剩余的头发适当调整层次，向上打卷，收紧后将其固定。

11 将部分刘海区与右侧发区的头发结合，进行两股续发编发，并将其固定在后发区。

12 将剩余的刘海及右侧发区的头发进行两股续发编发，调整出层次，并在后发区固定。

13 将左侧剩余的头发进行两股续发编发，并抽出层次。

14 将调整好的头发在后发区固定。

15 在后发区及左侧发区佩戴饰品，装饰发型。

▶ 扫描二维码
观看教学视频

BRIDE HAIRSTYLE
新娘浪漫
唯美发型
TUTORIAL

此款发型在编发时要用波纹夹辅助固定，这
样可以在减少使用发卡的同时使头发更伏贴，
有利于自然地改变头发的走向。

01 将顶区的头发在后发区用波纹夹固定。

02 将剩余的发尾在后发区左下方扭转并固定。

03 在后发区左侧取束头发，将其向右侧扭转并固定。

04 在后发区右上方取头发，做两股编发并向左侧固定。

05 从后发区左侧取头发，进行两股编发后，向右侧固定。

06 将右侧发区剩余的头发向后发区左侧扭转并固定。

07 将后发区右下方的头发向左侧扭转，收尾并固定。

08 将后发区剩余的头发向后发区右侧打卷并固定。

09 将左侧发区的头发用波纹夹在后发区固定。

10 将剩余的发尾在后发区固定。

11 将剩余的头发用电卷棒烫卷。

12 用尖尾梳倒梳，调整刘海区的头发的层次感。

13 将刘海的发尾在后发区打卷并固定。

14 将左侧剩余的头发调整出层次，在后发区打卷并固定。

15 在后发区佩戴饰品，装饰发型。

此款发型的刘海区头发及后垂的头发都呈现自然的层次感。用发带与造型花相结合，装饰出浪漫而柔美的发型。

01　将顶区头发进行三股编发，将其在后发区固定。

02　将右侧发区的头发扭转至后发区。

03　将扭转好的头发在后发区固定。

04　将左侧发区的头发向后发区扭转并固定。

05　将后发区右侧的部分头发向后发区左侧扭转。

06　将扭转好的头发固定。

07　继续从后发区右侧取头发，向左拉伸，进行三股编发。

08　将编好的头发在后发区横向固定。

09　从后发区右侧取一束头发，向左扭转并固定。

10　从后发区左侧取一束头发，向右扭转并固定。

11　将后发区剩余的头发打卷。

12　将打卷之后的头发适当扭转，改变头发的走向后固定。

13　对刘海区头发的层次做调整。

14　在头顶偏左侧发区佩戴造型花，装饰发型。

15　在后发区佩戴造型花及发带，装饰发型。

此款发型的饰品起到了很大的修饰作用。用硬网纱抓出蝴蝶结形状并对发型进行装饰，用造型花对发型进行点缀，增添了整体发型的浪漫感和柔美感。

01 在右侧发区取一束头发，进行两股编发。

02 继续向后做两股编发。

03 将编好的头发在后发区扭转并固定。

04 从顶区取一束头发，向后发区右侧扭转并固定。

05 在左侧发区取一束头发，进行扭转。

06 将扭转后的头发在后发区下方固定。

07 将左侧发区剩余的头发进行两股编发。

08 将编好的头发在后发区右侧固定。

09 将后发区垂落的头发扭转并固定。

10 将后发区头发的发尾收起并固定。

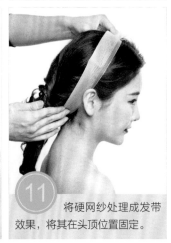

11 将硬网纱处理成发带效果，将其在头顶位置固定。

12 在头顶左侧将硬网纱处理成蝴蝶结效果并固定。

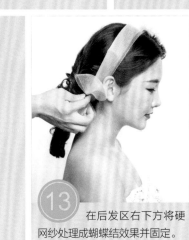

13 在后发区右下方将硬网纱处理成蝴蝶结效果并固定。

14 将硬网纱蝴蝶结固定在后发区下方。

15 在蝴蝶结上用造型花装饰。

BRIDE HAIRSTYLE
新娘浪漫
唯美发型
TUTORIAL

此款发型的刘海区与后发区自然地相互衔接。
将饰品点缀在后发区不饱满的地方，使发型
更加完美。

01 将后发区右侧的头发在后发区下方向左侧扭转。

02 将扭转好的头发拉至后发区左侧并固定。

03 将左侧发区的头发向后发区右侧扭转并固定。

04 固定好之后,将剩余发尾继续向右扭转并固定。

05 调整头发表面的发丝层次。

06 用尖尾梳调整刘海区发丝的层次。

07 将右侧发区的头发在后发区扭转并固定。

08 整理后发区剩余的头发,使其呈现饱满的轮廓。

09 用发卡固定后发区的头发,并调整其轮廓。

10 在后发区偏上位置佩戴饰品,装饰发型。

11 在后发区偏左位置佩戴饰品,装饰发型。

12 在后发区偏下位置佩戴饰品,装饰发型。

新娘浪漫
唯美发型

这款发型用假发片来增加发量，根据发型所
需头发的长度来确定假发固定的位置。整体
发型浪漫而甜美。

01 在后发区固定假发片，以增加发量和头发的长度。

02 倒梳刘海区的头发，调整刘海区头发的走向。

03 将顶区头发推出弧度后，在后发区固定。

04 将左侧发区的头发向后发区扭转。

05 将扭转好的头发在后发区固定。

06 将右侧发区的头发在后发区加强固定。

07 将后发区左下方的头发向右横向扭转并固定。

08 将后发区右侧的头发向左扭转并固定。

09 将固定好的发尾在垂落的头发上扭转并固定。

10 将垂落的头发进行三股编发。

11 将编好的头发用皮筋固定。

12 在头顶位置佩戴永生花饰品。

13 将绿藤缠绕在后发区的辫子上。

14 佩戴绢花，点缀发型。

在打造此款发型时，需先佩戴好饰品，再进行造型。造型完成后，继续用饰品点缀，使饰品与发型之间的结合更加自然。

01 在头顶佩戴花环饰品。

02 将两侧发区的头发在后发区用皮筋固定在一起。

03 在后发区左右两侧各取一束头发，用皮筋固定在一起。

04 将后发区下方的头发继续用皮筋固定在一起。

05 将后发区下方剩余的发尾扭转在一起。

06 将扭转好的头发的发尾打卷并固定。

07 将刘海区的头发向上翻卷并调整出层次。

08 将翻卷好的头发在右侧发区固定。

09 在右侧佩戴永生花饰品，装饰发型。

10 在后发区佩戴永生花饰品，装饰发型。

BRIDE HAIRSTYLE

新娘浪漫
唯美发型

TUTORIAL

饰品对此款发型结构的衔接起到了重要的作
用,后发区上下结构通过饰品进行衔接,修
饰了发型的不饱满之处。

01 从顶区取头发，与右侧发区的头发相互穿插。

02 继续将头发相互穿插。

03 将头发继续向下进行穿插操作。

04 将穿插的头发的发尾扭转，收拢并在后发区固定。

05 从后发区右侧取一束头发，将其向上扭转并固定。

06 将左侧及顶区剩余的头发向后发区收拢。

07 将收拢后的头发在后发区扭转并固定。

08 将后发区右下方的头发向左侧扭转并固定。

09 将后发区剩余的头发调整出层次并固定。

10 调整刘海的弧度。

11 将刘海区的头发在后发区收尾并固定。

12 在头顶偏左的位置佩戴饰品，装饰发型。

13 在后发区左侧佩戴绢花，装饰发型。

14 在后发区下方及右侧佩戴绢花，装饰发型。

新娘浪漫
唯美发型

BRIDE HAIRSTYLE

TUTORIAL

此款发型需要修饰的点非常多，在选择饰品
修饰发型的时候，要注意饰品之间的协调性
和整体性，不要太乱。

01 在顶区取一束头发，进行三股编发。

02 在左右两侧发区分别取头发，进行三股编发。

03 将左右两侧编好的发辫在后发区结合并固定。

04 将后发区中间部分的头发用皮筋固定。

05 继续用皮筋固定头发。抽取部分头发，使其中间鼓起。

06 调整刘海的弧度，将其向后发区固定。

07 在右侧发区取头发，做三股编发，向左侧打卷并固定。

08 将右侧发区的头发做三股编发，并向后发区左侧固定。

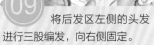

09 将后发区左侧的头发进行三股编发，向右侧固定。

10 在后发区的右侧取一束头发，进行三股编发。

11 在后发区的左侧取一束头发，将其进行三股编发。

12 将网纱抓出层次后，在左侧发区将其固定。

13 在后发区佩戴饰品，装饰发型。

14 在后发区皮筋位置佩戴饰品，修饰发型。

15 在下方皮筋位置佩戴饰品，修饰发型。

打造此款发型时，将编发在后发区收拢。在后发区佩戴饰品以修饰后发区不够饱满的位置，饰品可以使发型更加饱满而柔美。

01 在左侧发区取三束发片，进行交叉。

02 继续向后发区用三带一的手法编发，并带入顶区的头发。

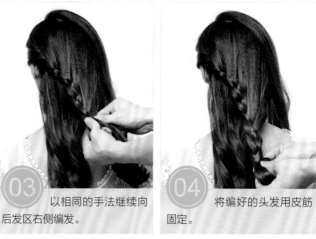

03 以相同的手法继续向后发区右侧编发。

04 将编好的头发用皮筋固定。

05 将后发区左下方的头发用三股编辫的手法编发。

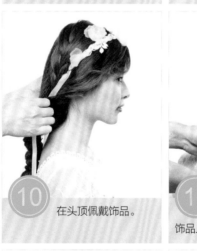

06 将编好的头发缠绕在之前的发辫上。

07 在顶区右侧取一束头发，用三带一的手法编发。

08 编发的时候，带入刘海区及右侧发区的头发。

09 将编好的头发缠绕在之前的发辫上。

10 在头顶佩戴饰品。

11 在后发区的发辫上将饰品上的丝带打出蝴蝶结。

12 在后发区的左侧佩戴饰品。

13 在发辫上佩戴饰品。

14 在后发区的右侧佩戴饰品。

BRIDE HAIRSTYLE

新娘浪漫
唯美发型

TUTORIAL

在打造此款发型时，要注意对刘海区发丝的
处理。刘海区自然向上翻卷的发丝使发型显
得更加生动自然。

01 将刘海区的头发烫卷，使其发丝纹理更加自然。

02 在顶区取一束头发，将其进行两股扭转编发。

03 将编好的头发适当向上推，使其隆起一定高度并固定。

04 从顶区右侧取一束头发，向后发区进行两股续发编发。

05 将编好的头发向上提拉，扭转并在后发区左侧固定。

06 从后发区右下方取一束头发，进行两股编发。

07 将编好的头发向后发区左上方提拉并固定。

08 将左侧发区和部分后发区的头发进行两股续发编发。

09 将编好的头发固定在后发区右侧。

10 将后发区剩余的头发收拢并用一束头发将其固定。

11 将后发区下方的发尾向上固定并调整出层次。

12 在后发区佩戴饰品，装饰发型。

13 在头顶佩戴饰品，装饰发型。

14 在后发区佩戴饰品，装饰发型。

15 在后发区下方佩戴饰品，装饰发型。

BRIDE HAIRSTYLE

新娘浪漫
唯美发型

TUTORIAL

在打造此款发型时，要注意调整后发区两股
编发发辫的角度，使其能与后发区中间的发
辫很好地结合在一起。

01

取顶区的头发，向后发区进行三股编发。

02

将编好的头发发尾在后发区打卷并固定。

03

将刘海区的头发推出一定的弧度，适当喷胶定型。

04

将刘海区、右侧发区及部分后发区的头发在后发区进行两股编发。

05

将编好的头发固定在后发区的第一条辫子上。

06

将左侧发区和后发区剩余的头发进行两股编发。

07

将编好的头发固定在后发区的辫子上。

08

在后发区佩戴饰品，装饰发型。

BRIDE HAIRSTYLE

新娘浪漫
唯美发型

TUTORIAL

在打造此款发型时，后发区穿插在发辫中的发
片使发型更具层次感和柔美感。注意在穿插
发片时，要保持发辫的松度及左右的协调性。

01 将左侧发区的头发进行四股交叉。

02 将交叉后的头发向下进行四股辫编发。

03 将编好的头发向后发区右侧打卷并固定。

04 将右侧发区的头发进行四股交叉。

05 继续向下进行四股辫编发。

06 将编好的头发向后发区左侧打卷并固定。

07 将刘海区的头发进行两股扭转编发。

08 将刘海区编好的头发在后发区固定。

09 在后发区取一束头发，将其进行三股编发。

10 将后发区左侧的一束头发向右侧固定。将右侧的一束头发从辫子中掏出。

11 将在左侧区所取的一束头发从发辫中掏出。

12 继续从左右两侧取头发，并将其从发辫中掏出。

13 将后发区剩余的头发以同样的方式进行操作。

14 操作至发尾后收拢，固定并隐藏发尾。

15 佩戴饰品，装饰发型。

BRIDE HAIRSTYLE

新娘浪漫
唯美发型

TUTORIAL

此款发型中，用柔美的造型花点缀后垂的编
发，整体发型浪漫而柔美。

01 将左侧发区的头发用三带一的手法编发。

02 将编好的头发在后发区的右侧固定。

03 将右侧发区的头发与后发区的头发相互结合后，进行编发。

04 将其继续向后用三带一的手法编发。

05 边编发边带入后发区的头发。

06 将编好的头发在后发区左侧固定。

07 继续取后发区的一束头发，进行四股辫编发。

08 将编好的头发用皮筋固定。

09 用尖尾梳调整刘海区头发的弧度。

10 在右侧发区佩戴造型花，装饰发型。

11 在后发区佩戴造型花，装饰发型。

12 在固定辫子的皮筋的位置佩戴造型花，装饰发型。

新娘浪漫
唯美发型

BRIDE HAIRSTYLE

TUTORIAL

右侧垂落的发丝是这款发型的点睛之笔。如
果没有垂落的发丝，发型就会显得呆板，不
够自然。

01 在后发区取一片头发，扭成环形后将中间套住一束头发。

02 继续用同样的手法进行操作。

03 从后发区左侧取一束头发，向右扭转。

04 从后发区右侧取一束头发，向左扭转。

05 从后发区下方取一束头发，向上打卷并固定。

06 从后发区左侧取一束头发，向右打卷并固定。

07 将右侧发区的头发向后发区左侧扭转并固定。

08 从后发区取一束头发，向上打卷并固定。

09 将刘海区的头发扭转后，在后发区固定。

10 在后发区下方取一束头发，进行编发。

11 用三带二的手法将后发区的头发编入其中。

12 编发时注意，越靠下发辫越呈收拢状。

13 将编好的头发用皮筋固定。

14 将固定好的发尾向内扣，固定并隐藏发尾。

15 佩戴饰品，装饰发型。

BRIDE HAIRSTYLE

新娘浪漫
唯美发型

TUTORIAL

在打造此款发型时，后发区下方的打卷要饱
满并且有一定的棱角，刘海区的发丝层次自
然，搭配花环，使整体发型浪漫而端庄。

01 在顶区取四束头发，将其交叉叠加。

02 从顶区开始向下进行四股辫编发。

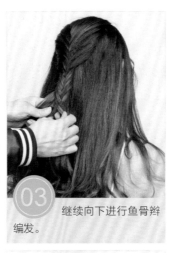

03 继续向下进行鱼骨辫编发。

04 将编好的头发向上打卷并固定。

05 从顶区右侧取一束头发，进行两股编发。

06 将编好的头发向后发区的左侧打卷并固定。

07 从后发区左侧取一束头发，进行两股编发后抽松发辫。

08 将抽松后的发辫在后发区右侧固定。

09 将左侧发区剩余的头发进行两股编发。

10 将编好的头发向后发区右侧固定。

11 将右侧发区剩余的头发进行两股编发。

12 将编好的头发在后发区左侧固定。

13 将后发区下方剩余的头发向上打卷后固定。

14 在头顶佩戴花环饰品，装饰发型。

BRIDE HAIRSTYLE

新娘浪漫
唯美发型

TUTORIAL

此款发型可根据打造的蝴蝶结的大小来调整
掏头发的长度，另外尽量让发丝的掏出长度
及角度一致，这样蝴蝶结表面会更整齐。

01 在顶区偏左的位置分出一束发片，用皮筋扎成马尾。

02 从马尾中分出一片头发，将其左右分开做成蝴蝶结。

03 继续向下将头发用皮筋固定，然后将头发掏出。

04 将头发的左右分开后固定。

05 将顶区偏右侧的头发在后发区扭转并固定。

06 在后发区继续用皮筋固定头发。

07 固定好之后，继续掏出头发。

08 将头发处理成蝴蝶结的形状，并用头发缠绕在其中间。

09 将左侧发区的头发编两股辫，向后扭转并固定。

10 将右侧发区的头发编两股辫，向后扭转并固定。

11 在后发区下方下发卡，使头发固定得更加牢固。

12 在后发区下方进行三股编发。

13 将编好的头发用皮筋固定。

14 在头顶佩戴饰品，装饰发型。

15 在后发区佩戴饰品，装饰发型。

BRIDE HAIRSTYLE

新娘浪漫
唯美发型

TUTORIAL

在打造此款发型时，后发区下方的发丝要
呈现有层次的纹理，这样与饰品的搭配才
会更加自然。

01 将刘海区的头发进行两股编发。

02 将编好的头发在顶区固定。

03 将右侧发区的头发进行三股编发。

04 将编好的头发向左侧横拉，将其在后发区固定。

05 将左侧发区的头发进行三股编发。

06 将编好的头发向右侧横拉，将其在后发区固定。

07 将后发区左右两侧的头发相互叠加扭转并固定。

08 在后发区下方将头发扭转并固定。

09 将后发区下方剩余的发尾向上打卷并固定。

10 在头顶佩戴饰品，装饰发型。

11 将饰品在后发区打蝴蝶结后固定。

12 在后发区佩戴饰品，装饰发型。

BRIDE HAIRSTYLE

新娘浪漫
唯美发型

TUTORIAL

在打造此款发型时，不要将刘海区的打卷处
理得过于光滑，要适当增加一些层次，使整
体发型更加柔美。

01 将刘海区的头发打卷并固定。

02 在左侧发区取部分头发，打卷并固定。

03 继续将左侧发区的头发打卷并固定。

04 在右侧发区取部分头发，打卷并固定。

05 将右侧发区剩余的头发打卷并固定。

06 在顶区取一束头发，进行三股编发。

07 将编好的头发在后发区打卷并固定。

08 在后发区继续取一束头发，做三股编发后打卷并固定。

09 在下方继续用同样的手法进行操作。

10 将后发区右侧的头发向上翻卷并固定。

11 将后发区左侧的头发扭转并固定。

12 将后发区剩余的发尾收起并固定。

13 在后发区佩戴饰品，装饰发型。

14 在顶区佩戴饰品，装饰发型。

15 将饰品两侧的缎带在后发区系蝴蝶结。

在打造此款发型时，要注意当头发穿插到后发
区中间发辫上时，头发的松紧度要适中，并且
每一片穿插的头发要协调，呈现出饱满的轮廓。

01 　在顶区取两束头发，进行交叉。

02 　继续在左右两侧各取一束头发，进行交叉叠加。

03 　以此方式将左右两侧发区的头发编入其中。

04 　用三股编发的手法将头发收拢。

05 　从后发区右侧取一束头发，将其从发辫中穿过。

06 　从后发区左右两侧分别取头发并穿过发辫。

07 　注意头发要保留一定的空间感，不要过紧。

08 　继续将头发穿过发辫，下方穿入的头发可适当收紧。

09 　将后发区剩余的头发向上打卷并固定。

10 　将部分刘海区的头发进行两股编辫。

11 　将编好的头发在后发区固定。

12 　将刘海区剩余的头发进行两股扭转。

13 　将扭转好的头发进行抽丝，在后发区将其固定。

14 　在头顶佩戴饰品。

15 　在后发区佩戴蕾丝蝴蝶饰品，装饰发型。

在打造此款发型时，后发区的蝴蝶结要呈现
出向左倾斜的状态，这样可以使蝴蝶结显得
更加俏皮，使整体发型更加生动。

01 将顶区的头发用皮筋扎马尾。

02 从皮筋中将马尾中的头发掏出一部分。

03 将掏出的头发一分为二，向左右拉伸，形成蝴蝶结。

04 将马尾剩余的头发缠绕在蝴蝶结中间。

05 从蝴蝶结下方取一束头发，进行三股编发。

06 将顶区右侧的头发带入编发中。

07 将顶区左侧的头发带入编发中。

08 用三股编发的手法编辫收尾。

09 从后发区左侧取一片头发，穿插在辫子中。

10 将刘海区的头发松散地扭转后，在蝴蝶结下方固定。

11 将右侧发区的头发穿插到后发区的发辫中。

12 将左侧发区的头发穿插到后发区的发辫中。

13 从后发区右下方取头发，将其穿插到发辫中。

14 将后发区剩余的头发向上收拢，打卷并固定。

15 在后发区佩戴饰品，装饰发型。

为了让此款发型显得不过于生硬，在左侧发
区保留卷曲的发丝，使发型看上去更加柔和。
注意发丝要呈现自然柔美的卷度。

01 将左侧发区的头发进行两股编发。

02 将编好的头发在后发区扭转并固定。

03 将右侧发区的头发进行两股编发。

04 将编好的头发在后发区扭转并固定。

05 在后发区取头发，将四股头发交叉进行编发。

06 继续向下编发，将其收尾并固定。

07 从后发区左侧取一束头发，将其穿插在辫子中。

08 继续从后发区左右两侧取头发，穿插在辫子中。

09 将后发区下方剩余的发尾向上打卷并固定。

10 将顶区剩余的头发缠绕在两股辫中并固定。

11 将刘海区的头发穿插在后发区的发辫中。

12 调整刘海区剩余的发丝，使发型层次更加丰富。

13 在头顶佩戴饰品，装饰发型。

14 在后发区佩戴饰品，装饰发型。

15 将饰品有层次地点缀在后发区的发辫上。

BRIDE HAIRSTYLE

新娘浪漫
唯美发型

TUTORIAL

在打造此款发型时，网纱与造型花的结合使
整体发型更加柔和。注意饰品前后要呼应，
用网纱和造型花修饰发型的不完美处。

01 在顶区取一束头发，进行三带二编发。

02 继续向下用三股编发的手法编发。

03 将编好的头发向上打卷，使顶区隆起一定的高度。

04 将打卷好的头发固定。

05 将刘海区及左侧发区的头发倒梳出丰富的层次。

06 将倒梳好的头发收拢在后发区左侧并固定。

07 在后发区左上方取一束头发，进行三带一编发。

08 以斜向右的方向继续向下编发。

09 边编发边带入右侧发区的头发。

10 将编好的头发向后发区头发的下方扭转。

11 扭转好后，将后发区剩余的头发编入其中。

12 用皮筋将发尾固定。

13 佩戴造型花，装饰发型。

14 在后发区下方佩戴网纱，装饰发型。

15 在右侧区将网纱抓出层次，装饰发型。

此款发型刘海区的头发向下扣卷的隆起高度
和固定位置最终要使刘海区及右侧发区形成
饱满的轮廓。

BRIDE HAIRSTYLE

新娘浪漫
唯美发型

TUTORIAL

01 将刘海区的头发隆起一定的高度后向下扣卷。

02 扣卷好之后，将剩余的发尾打卷并固定。

03 继续从顶区取头发，向右侧扣卷。

04 将左侧发区的头发向后扭转并固定。

05 将固定好的发尾与顶区的一片头发相互交叉，将顶区另一片头发夹在两片头发中间。

06 每交叉一次从顶区取一片头发，形成瀑布编发的效果。

07 将编好的头发在后发区右侧固定。

08 将瀑布编发中间的一片头发与下方的头发进行三股编发。

09 从左右两侧取头发并编入其中。

10 用三股编发的手法来收尾。

11 将后发区下方的头发分片穿插到发辫中。

12 将剩余的头发穿入辫子中。

13 将辫子的发尾收起并固定。

14 在头顶佩戴皇冠饰品。

15 在后发区佩戴饰品，装饰发型。

BRIDE HAIRSTYLE

新娘浪漫
唯美发型

TUTORIAL

此款发型后发区两侧的编发要呈现出层次及
弧度，与刘海区翻卷的头发相互结合，使发
型整体效果更加优美自然。

 **01** 将刘海区的头发在左侧发区向上翻卷。

 **02** 将左侧发区的头发扭转，在后发区左侧固定。

 **03** 将后发区左侧的头发扭转，在后发区枕骨处固定。

 **04** 将右侧发区的头发扭转，在后发区枕骨处固定。

 **05** 将后发区右侧的头发向后发区中间位置扭转并固定。

 **06** 将后发区中间的头发进行鱼骨辫编发。

 **07** 从鱼骨辫的下方取头发，交叉在鱼骨辫的发尾处。

 **08** 将编发的发尾上扣卷并固定。

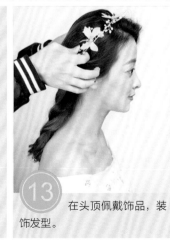 **09** 将后发区右侧的头发进行两股编发，在发辫上固定。

 **10** 将后发区左侧剩余的头发进行两股编发。

 **11** 将编好的头发进行抽丝处理，使其具有层次。

 **12** 将抽丝后的头发在发辫上固定。

 **13** 在头顶佩戴饰品，装饰发型。

 **14** 在后发区佩戴绢花饰品，装饰发型。

15 在后发区下方佩戴绢花饰品，装饰发型。

新娘浪漫
唯美发型

BRIDE HAIRSTYLE

TUTORIAL

此款发型用色彩明亮的造型花修饰，不但可以补充发型不饱满的地方，使发型更加完美，同时色彩明亮的造型花可以在一定程度上将肤色映衬得更透亮。

01 将左侧发区的头发进行三带一编发。

02 在编发的时候带入后发区左侧的头发。

03 将头发向后发区的右侧横向固定。

04 将刘海区的头发进行三带一编发。

05 将右侧发区的头发编入发辫中。

06 继续向下将后发区右侧的头发编入。

07 将编好的头发在后发区的左侧固定。

08 将后发区的头发从左侧开始进行三带一编发。

09 将后发区右侧的头发进行三带一编发。

10 继续向下编头发，注意编发的角度。

11 用皮筋固定发尾。

12 在头顶佩戴饰品，装饰发型。

13 在两侧发区佩戴造型花，装饰发型。

14 在后发区佩戴造型花，装饰发型。

此款发型后发区的编发呈向下收窄的状态，
永生花的点缀为干净的编发增添了柔美感。

01 将顶区、左右两侧发区的头发三股交叉。

02 在后发区左侧进行三带一编发。

03 继续向下编发，注意编发的角度。

04 将发尾用皮筋固定。

05 在后发区右侧取一束头发，将其穿插在辫子中。

06 将后发区剩余的头发穿插在辫子中。

07 将发辫的发尾扭转，收拢并固定。

08 将顶区的头发用三带一的手法编发，至接近发尾后，用三股辫的手法编发。

09 将编好的头发向左侧发区固定。

10 将刘海区的头发编三股辫。

11 将编好的头发在后发区左侧固定。

12 佩戴饰品，装饰发型。

BRIDE HAIRSTYLE

新娘浪漫
唯美发型

TUTORIAL

在打造此款造型时，将造型花固定在后发区
的皮筋上，这不但隐藏了皮筋，还对发型起
到了点缀作用，使发型更加完美。

01 将刘海区的头发用波纹夹固定，用尖尾梳将刘海区的头发推出波纹弧度。

02 将刘海区推出波纹的头发的发尾扭转并固定在后发区。

03 将左侧发区的部分头发向后发区右侧扭转并固定。

04 将右侧发区及部分后发区的头发在后发区打卷。

05 将打好的发卷在后发区固定。

06 将后发区左侧的部分头发在后发区打卷并固定。

07 将左侧发区剩余的头发在后发区打卷并固定。

08 在后发区左右两侧各取一束头发，用皮筋固定。

09 在后发区下方用皮筋固定头发。

10 在头顶佩戴饰品，装饰发型。

11 在头顶佩戴造型花，装饰发型。

12 在后发区佩戴造型花，装饰发型。

新娘灵动自然发型

▶扫描二维码
观看教学视频

BRIDE HAIRSTYLE

新娘灵动
自然发型

TUTORIAL

此款发型用永生花点缀，使凌乱发丝的层次
更加分明，发型也显得更加柔美。

01 从头顶取一束头发，进行两股编发。

02 将编好的头发进行抽丝，使其具有层次。

03 将抽好层次的头发在头顶固定。

04 在后发区左侧取一束头发，进行两股编发并抽出层次。

05 将抽好层次的头发在后发区固定。

06 在刘海区取一束头发，进行两股编发。

07 将编好的头发抽出层次后在后发区固定。

08 在后发区左侧取一束头发，进行两股编发并抽出层次后在后发区右侧固定。

09 在后发区右侧取一束头发，进行两股编发并抽出层次后在后发区左侧固定。

10 在后发区左下方取一束头发，进行两股编发并抽出层次后在后发区右侧固定。

11 在后发区右下方取一束头发，进行两股编发并抽出层次后在后发区左侧固定。

12 将后发区剩余的头发用电卷棒烫卷。

13 调整好层次后将烫好的头发向上翻卷并固定。

14 将刘海区的头发用电卷棒烫卷，调整好层次后固定。

15 佩戴永生花饰品，装饰发型。

BRIDE HAIRSTYLE

新娘灵动
自然发型

TUTORIAL

此款发型后发区下方垂落的发丝要呈现自然
向上卷翘的层次感，佩戴花环饰品，使整体
发型俏皮、浪漫。

01 从顶区取三股头发进行交叉。

02 从顶区向后发区左侧进行编发。

03 边编发边带入顶区的头发，进行三带一编发。

04 向后发区右侧编发。

05 将编好的头发在后发区的右下方固定。

06 将左侧发区的头发扭转后倒梳。

07 梳理好之后，将头发在后发区固定。

08 将右侧发区的头发扭转后倒梳。

09 将倒梳好的头发在后发区扭转。

10 将扭转好的头发在后发区固定。

11 将后发区的头发倒梳，使其更具有层次感。

12 佩戴花环饰品，装饰发型。

BRIDE HAIRSTYLE

♥ 新娘灵动
自然发型 ♥

TUTORIAL

此款发型的轮廓要用抽丝的手法使其呈现出
自然的层次，这样发型与帽子之间的结合不
会显得生硬，可以呈现更加柔美的感觉。

01 将后发区的头发在后发区的下方收拢。

02 将收拢的头发进行三股编发后固定。

03 在头顶分出两片头发并相互交叉。

04 将其向右侧发区进行两股续发编发。

05 将编好的头发进行抽丝，使其具有层次。

06 将抽丝后的头发在后发区的下方固定。

07 在左侧发区分出两片头发并相互交叉。

08 将左侧发区的头发进行两股续发编发。

09 将编好的头发进行抽丝，使其具有层次。

10 将抽丝后的头发在后发区固定。

11 将刘海区剩余的头发进行两股编发。

12 将编好的头发抽出层次后固定。

13 将左侧发区剩余的发丝调整出层次后固定。

14 佩戴帽子，装饰发型。

新娘灵动
自然发型

BRIDE HAIRSTYLE
TUTORIAL

在打造此款发型时，注意不要使表面过于光
滑、干净，自然散落的发丝经过处理后会使
发型的层次、纹理更加自然而生动。

01 在顶区分出三片头发，将其相互交叉。

02 继续向下进行三带二编发。

03 将编好的头发在后发区打卷并固定。

04 从左侧发区取一束头发，进行三带二编发。

05 继续向右侧发区进行三带二编发。

06 在后发区的左下方将编发收尾。

07 将发尾收拢后在后发区的左下方固定。

08 调整剩余散落的发丝的层次，将其进行固定。

09 佩戴蝴蝶饰品，装饰发型。

10 佩戴永生花饰品，装饰发型，使发型更加唯美、饱满。

▶扫描二维码
观看教学视频

BRIDE HAIRSTYLE

新娘灵动
自然发型

TUTORIAL

在打造此款发型时，将刘海区的头发烫卷并
抽出层次后，搭配永生花饰品，使发型更加
浪漫、甜美。

01 在头顶佩戴永生花。

02 将右侧发区的头发向后发区打卷并固定。

03 将后发区右侧的头发向上翻卷并固定。

04 将后发区下方的头发向上翻卷并固定。

05 将后发区左侧的头发向上翻卷并固定。

06 在左侧发区取一束头发，将其扭转至后发区并固定。

07 将左侧发区剩余的头发向后发区扭转并固定。

08 用电卷棒将刘海区的发丝烫卷。

09 调整发丝的层次。

10 调整后发区发丝的层次，使发型呈现更加饱满自然的轮廓。

▶扫描二维码
观看教学视频

BRIDE HAIRSTYLE

♥ 新娘灵动 ♥
自然发型

TUTORIAL

注意在打造此款发型时，后发区抽丝的辫子
几乎都采用围绕一个中心交替固定的手法，
这样有利于塑造发型饱满的轮廓。

01 在顶区取一束头发，进行三股编发。

02 将编好的头发在后发区向上打卷并固定。

03 将后发区左侧的头发进行两股编发，然后抽出层次。

04 将抽丝好的头发在头顶固定。

05 将后发区右下方的头发进行两股编发并抽出层次，然后将其在后发区的左上方固定。

06 在后发区下方取部分头发，进行两股编发并抽出层次。

07 将发尾收起，在后发区的下方固定。

08 从后发区剩余头发中取一束头发，做两股编发并抽丝，然后在后发区左下方固定。

09 将后发区剩余的头发进行两股编发并进行抽丝处理。

10 将处理好的头发在后发区的右下方固定。

11 将左侧发区的头发编两股辫后抽丝，将其在后发区左侧固定。将右侧发区做同样的处理。

12 将剩余的部分发丝适当抽出层次，在后发区固定，以增加发型的层次感。

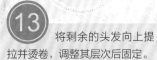
13 将剩余的头发向上提拉并烫卷，调整其层次后固定。

14 在两侧发区佩戴造型花，装饰发型。

15 在后发区佩戴造型花，装饰发型。

BRIDE HAIRSTYLE

新娘灵动
自然发型

TUTORIAL

在打造此款发型时，要注意刘海区编发的角度，可适当修饰额头位置。将编发固定在后发区的下方，使发型轮廓更加饱满。

01 在刘海区取三股头发并进行交叉。

02 将刘海区的头发向右侧发区进行三带一编发。

03 将编好的头发在后发区固定。

04 将左侧发区及部分后发区的头发进行两股续发编发。

05 将编好的头发在后发区的右侧固定。

06 从后发区右下方取一束头发，将其向左上方扭转并固定。

07 将后发区下方剩余的头发倒梳。

08 将倒梳后的头发向上固定，用尖尾梳的尖尾对头发的层次做调整。

09 将头发固定好之后，继续对头发进行倒梳，使头发表面更具层次感。

10 在头顶佩戴饰品，装饰发型。

11 将饰品两侧的缎带在后发区系蝴蝶结。

12 在左右两侧佩戴蝴蝶结饰品，装饰发型。

BRIDE HAIRSTYLE

新娘灵动
自然发型

TUTORIAL

此款发型中，刘海区的发丝呈现出飘逸的美
感，搭配蝴蝶饰品，会使发型更加生动。

01 在顶区取两股头发并交叉。

02 从顶区向右侧发区进行两股续发编发。

03 将编好的头发在后发区扭转并固定。

04 在左侧发区取头发，进行两股续发编发。

05 继续斜向后编发，将后发区的部分头发加入发辫中。

06 将编好的头发在后发区的右侧固定。

07 在后发区中间进行三股编发。

08 将编好的头发向上打卷并固定。

09 将后发区剩余的头发调整出层次。

10 将调整好的头发向上固定，使后发区呈现丰富的层次。

11 调整刘海区头发的层次并将其固定。

12 将左侧发区剩余的头发抽出层次后喷胶定型。

13 佩戴蝴蝶饰品，装饰发型。

14 在后发区佩戴蝴蝶饰品，装饰发型。

BRIDE HAIRSTYLE

新娘灵动
自然发型

TUTORIAL

注意此款发型两侧发区及后发区的发丝要有
层次感，与浪漫的饰品搭配，使发型更加唯美。

01 在头顶位置佩戴饰品。

02 将饰品两端收紧后将其固定牢固。

03 将右侧刘海及右侧发区的头发进行两股续发编发。

04 将编好的头发在后发区固定。

05 将左侧刘海区及左侧发区的头发进行两股续发编发，并调整其层次。

06 将调整好的头发在后发区固定。

07 将后发区左侧的头发提拉起一定的高度，进行三带二编发。

08 继续向下编发，将后发区左侧的头发全部编入其中。

09 将后发区右侧的头发进行三带二编发。

10 继续向下编发，将后发区剩余的头发编入发辫中。

11 将两边的编发交替固定好。

12 将最后剩余的发尾收起并固定。

13 在头顶佩戴蝴蝶饰品，装饰发型。

14 在后发区佩戴蝴蝶饰品，装饰发型。

新娘灵动
自然发型

在打造此款发型时，将推波纹与编发相结合，
波纹的弧度与编发的层次通过花环饰品的装
饰完美地结合在一起。

01 在顶区取头发，进行三股编发。

02 向后发区右侧进行三带一编发。

03 将后发区右侧的头发编入辫子中。

04 将左侧发区的头发编入其中，将其在后发区固定。

05 将右侧发区的部分头发扭转后抽出层次。

06 将发辫发尾的头发在后发区下方固定。

07 将刘海区部分头发推出弧度后用波纹夹固定。

08 继续用尖尾梳将头发推出弧度。

09 将刘海区的头发在后发区右侧向上推出弧度。

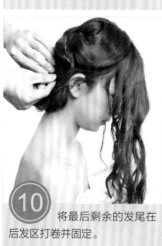

10 将最后剩余的发尾在后发区打卷并固定。

11 将刘海区的头发进行两股编发后抽出层次。

12 将抽丝后的头发在后发区固定。

13 将刘海区剩余的头发做两股编发，抽出层次并在右侧固定。

14 将左侧发区剩余的发丝在后发区固定。

15 在头顶位置佩戴花环，装饰发型。

BRIDE HAIRSTYLE

新娘灵动
自然发型

TUTORIAL

此款发型中，刘海区及左侧发区的发丝都要
塑造出飘逸的美感，使头发与饰品相互结合，
呈现若隐若现的感觉，使发型更加柔美、浪漫。

01 从左侧发区及顶区取三股头发，进行交叉。

02 继续向右进行三带一编发。

03 将右侧后发区的头发编入辫子中。

04 将编好的头发打卷并固定。

05 在后发区取一束头发，进行三股编发并固定。

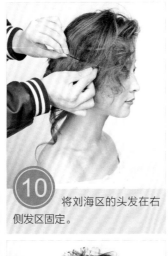

06 在后发区下方取头发，进行三股编发。

07 将编好的头发在右侧发区固定。

08 将后发区剩余的头发进行三股编发。

09 将编好的头发在后发区固定。

10 将刘海区的头发在右侧发区固定。

11 将刘海区头发的发尾扭转后在后发区固定。

12 在头顶佩戴皇冠，装饰发型。

13 佩戴花环，将其与皇冠结合在一起。

14 调整刘海区发丝的层次，使发型更加灵动而自然。

BRIDE HAIRSTYLE
新娘灵动
自然发型
TUTORIAL

在打造此款发型时，如果新娘发量不够，可以
借用一些假发片来增加发量。要将假发片与新
娘本身的头发结合在一起进行造型，这样发片
能很自然地融入发型中，发型才会更加协调。

01 在后发区固定假发片，以增加发量。

02 将顶区的部分头发用皮筋固定。

03 向下继续用皮筋固定头发。

04 将左侧发区和部分后发区的头发进行两股编发。

05 将右侧发区的部分头发与后发区的头发进行两股编发。

06 将右侧发区剩余的头发进行三带一编发。

07 将右侧发区剩余的头发收拢。

08 在后发区下方将头发收拢并固定。

09 固定好之后，将发尾向上翻卷。

10 将翻卷好的头发固定。

11 将左侧发区剩余的头发倒梳，使其更具有层次感。

12 将刘海区的头发用尖尾梳倒梳，使其更具有层次感。

13 在左侧发区佩戴造型花，装饰发型。

14 在右侧发区佩戴造型花，装饰发型。

15 在后发区佩戴造型花，装饰发型，隐藏皮筋。

BRIDE HAIRSTYLE

♥ 新娘灵动 ♥
自然发型

TUTORIAL

此款发型讲究整体的和谐统一，要合理利用饰品修饰发型。对饰品的运用，在丰富发型、使发型更具有风格感的同时还弥补了发型的缺陷。

01 将刘海区的头发向上提拉并进行三股编发。

02 将编好的头发扭转后在顶区固定。

03 将左侧发区的头发向上提拉，扭转并固定。

04 将右侧发区的头发向上提拉，扭转并在顶区固定。

05 在后发区右侧取头发，进行两股编发。

06 将编好的头发在头顶位置固定。

07 在后发区左上方取头发，进行两股编发。

08 将编好的头发在头顶位置固定，以增加发型的高度。

09 继续在后发区上方取头发，进行两股编发并固定。

10 将后发区剩余的头发进行两股编发。

11 将头发在头顶位置固定后，调整发型的轮廓。

12 佩戴头纱及饰品，装饰发型。

13 佩戴羽毛饰品，装饰发型。

14 用电卷棒将散落的发丝烫卷。

15 继续将发丝烫卷，使其自然散落。

新娘灵动
自然发型

在打造此款发型时，应注意调整刘海区头发
的层次感，这不但可以使发型的轮廓更加饱
满，还可以对后发区起到修饰作用。

01 将顶区的头发扎马尾。

02 扎好马尾后，将发尾从上向下掏转。

03 将掏转的头发向下拉伸并收紧。

04 将马尾中的头发分开并与部分后发区的头发结合，将左右两侧发区的头发分别与两片头发交叉叠加。

05 将交叉后的头发向下进行鱼骨辫编发。

06 在后发区右侧取一束头发，将其穿插在鱼骨辫中。

07 继续将剩余的发尾穿插在鱼骨辫中。

08 从后发区左侧取一束头发，将其穿插在鱼骨辫中。

09 将左侧发区的部分头发穿插在鱼骨辫中。

10 将剩余的发尾继续穿插在鱼骨辫中。

11 将后发区剩余的头发继续穿插在鱼骨辫中并固定。

12 将左侧发区的头发编两股辫，扭转后在右侧发区固定。

13 将右侧发区的头发编两股辫，扭转后在左侧发区将其固定。

14 调整刘海区头发的层次，使其更加饱满、自然。

15 佩戴饰品，装饰发型。

新娘灵动
自然发型

此款发型中，刘海区头发的层次起到了很重
要的修饰作用，对顶区及前后发区的头发的
衔接起到很好的辅助作用。

01 从顶区取一束头发，将其在后发区盘出弯度后固定。

02 从右侧发区取一束头发，向左盘绕在后发区左侧并固定。

03 将右侧发区的头发扭转后在后发区固定。

04 将左侧发区的头发扭转后在后发区固定。

05 将后发区右侧的头发向左侧扭转并固定。

06 将后发区左侧的头发向右侧提拉，扭转并固定。

07 从后发区左侧取一束头发，将其扭转并在后发区偏右侧固定。

08 从后发区右侧取一束头发，向左扭转并固定。

09 将后发区剩余的发尾收拢，打卷并固定。

10 将刘海区的头发向上提拉并倒梳。

11 使刘海区的头发保持一定的蓬松度和层次感，将其覆盖在顶区头发上，然后在后发区固定。

12 在后发区用珠钗及造型花装饰发型。

BRIDE HAIRSTYLE

新娘灵动
自然发型

TUTORIAL

在此款发型后垂的编发中，发型两侧的发丝
卷度与柔美浪漫的饰品相互搭配，整体发型
呈现出清新自然的美感。

01 在头顶位置佩戴饰品。

02 在左侧发区取一束头发，用电卷棒将其烫卷。

03 用电卷棒将刘海区的头发烫卷。

04 将右侧发区的头发向后发区方向扭转并固定。

05 将左侧发区的头发向后发区方向扭转并固定。

06 将后发区右侧的头发进行两股编发。

07 将编好的头发向后发区左侧固定。

08 在后发区左侧取一束头发，进行两股编发。

09 将编好的头发向后发区右侧固定。

10 继续从后发区右侧取头发，向左侧进行两股编发。

11 将编好的头发在后发区左侧固定。

12 固定好之后，将发尾扭转并固定。

13 将后发区下方剩余的头发进行三股编发。

14 将编好的头发用皮筋固定。

15 将发尾收起，隐藏皮筋并固定。

此款发型要使刘海区的发丝呈现出飘逸自然
的感觉，与饰品完美结合，使整体发型尽显
柔美、大气的风格。

01 从左侧发区取一束头发，进行三股编发。

02 从右侧发区取一束头发，进行三股编发。

03 将顶区及左侧发区的头发分片穿插在辫子中并固定。

04 将顶区及右侧发区的头发分片穿插在辫子中并固定。

05 在后发区中间位置进行三股编发。

06 从后发区左右两侧取头发，穿插在辫子中。

07 将后发区左右两侧的部分头发用皮筋固定在中间。

08 将头发从皮筋中掏出一部分后固定。

09 在后发区下方继续用皮筋固定头发。

10 将后发区右侧的头发向左侧提拉，扭转并固定。

11 从后发区左侧取头发，将其向右侧提拉，打卷并固定。

12 将后发区下方剩余的头发向上收拢。

13 将收拢的头发固定。

14 调整刘海区头发的层次，将其在顶区固定。

15 在头顶佩戴饰品，装饰发型。

BRIDE HAIRSTYLE

新娘灵动
自然发型

TUTORIAL

此款发型中，顶区的头发使发型的轮廓更加
饱满，提升了发型的美感。

01 将刘海区两侧的头发烫卷。

02 将顶区的头发扭转并向上推，使其适当隆起后固定。

03 将左侧发区的部分头发与后发区的一片头发相互交叉。

04 在后发区左侧向下进行鱼骨辫编发。

05 在右侧发区取一片头发，与后发区的一片头发交叉。

06 在后发区右侧向下进行鱼骨辫编发。

07 继续向下编发并固定。

08 把两条鱼骨辫固定在一起。

09 固定好之后，将发尾收起，用发卡固定。

10 在头顶佩戴花朵饰品。

11 将右侧发区的头发向后提拉并倒梳，使其具有层次感。

12 将倒梳后的头发在后发区固定。

13 将左侧发区的头发向后提拉并倒梳，使其更有层次感。

14 将倒梳后的头发在后发区固定。

15 调整两侧头发的细节和层次。

此款发型中，刘海区的发丝呈现飘逸的层次，这样可以使发型更加柔美浪漫，并且与头顶位置的饰品结合得更加自然。

01 在顶区取头发，进行三带二编发。

02 继续向后将右侧发区及后发区的部分头发编入其中。

03 将发辫编至后发区的下方。

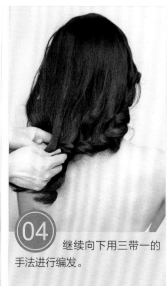

04 继续向下用三带一的手法进行编发。

05 将编好的头发在后发区打卷并固定。

06 将左侧发区的头发在后发区摆出一定的弧度并固定。

07 将剩余的发尾继续向下摆出一定的弧度。

08 将左侧发区的头发进行两股扭转。

09 将扭转好的头发在后发区固定。

10 将剩余的发尾在后发区的左侧打卷并固定。

11 将刘海区的头发抽出层次并喷胶定型。

12 在头顶右侧佩戴饰品，装饰发型。

BRIDE HAIRSTYLE

新娘灵动
自然发型

TUTORIAL

在此款发型的后发区将发辫采用横向交替的
方式固定，使后发区的层次更加丰富。

01 从顶区开始向后发区进行三带二编发。

02 继续向下编发，将后发区中间部分的头发编入其中。

03 将编好的头发的发尾用皮筋固定。

04 固定好后，将发尾向内扣并固定，隐藏皮筋。

05 将右侧发区的部分头发进行两股编发并在左侧固定。

06 将左侧发区的部分头发进行两股编发并在右侧固定。

07 将后发区左侧剩余的头发进行三股编发。

08 将编好的头发在右侧发区固定。

09 在后发区右侧取头发，做三股编发后固定在左侧。

10 将后发区剩余的头发做两股编发，在后发区左侧固定。

11 将左侧发区的头发倒梳，使其更具有层次感。

12 将倒梳的头发适当扭转，在顶区固定。

13 将刘海区及右侧发区的头发倒梳，使其蓬松自然。

14 将倒梳后的头发在后发区固定。

15 佩戴饰品，装饰发型。

BRIDE HAIRSTYLE

新娘灵动
自然发型

♥ ♥

TUTORIAL

在打造此款发型时，将编发、穿插以及扭转固定等手法结合在一起来打造后发的效果，尤其是最后的扭转和固定，决定着后发区发型的轮廓。

01 将刘海区的头发向上提拉并倒梳。

02 将顶区的头发向上推出一定高度后固定。

03 将左侧发区的头发进行两股扭转后向上提拉并固定。

04 将右侧发区的头发进行两股扭转后向上提拉并固定。

05 将后发区左侧的头发向上提拉，扭转并固定在后发区。

06 将后发区右侧的头发向后发区中间位置扭转并固定。

07 在后发区取一束头发，进行三股编发。

08 将编好的头发的发尾用皮筋固定。

09 在后发区右侧取一束头发，将其穿插在辫子中。

10 从后发区左侧取一束头发，将其穿插在辫子中。

11 将后发区右侧的头发扭转在辫子上后固定。

12 将后发区剩余的头发扭转在辫子上并固定。

13 将发尾打卷并固定。

14 在两侧发区佩戴造型花，装饰发型。

15 在后发区佩戴造型花，装饰发型。

BRIDE HAIRSTYLE

新娘灵动
自然发型

TUTORIAL

在打造此款发型时，要将刘海区的发丝处理
得凌乱而飘逸，并使其与绿藤及造型花相结
合，使发型浪漫、清新而灵动。

01 调整好刘海区头发的层次。

02 在头顶位置佩戴绿藤。

03 将刘海区的头发在后发区扭转并固定。

04 在右侧发区进行两股编发。

05 将编好的头发在后发区打卷并固定。

06 将左侧发区和部分后发区的头发进行三股编发。

07 将编好的头发在后发区右侧固定。

08 将绿藤缠绕在后发区下方的头发上。

09 将后发区下方的头发抽拉得蓬松自然。

10 在后发区左侧佩戴造型花，装饰发型。

11 继续在后发区佩戴造型花，装饰发型。

BRIDE HAIRSTYLE

新娘灵动
自然发型

♥ ♥

TUTORIAL

此款发型中，自然的后垂编发使整体发型饱
满而富有层次感，发型两侧卷曲垂落的发丝
和造型花使发型显得更加柔美而浪漫。

01 将刘海区的头发向前推，使其隆起一定的高度后固定。

02 将左侧发区的头发进行两股编发。

03 将编好的头发在头顶位置固定。

04 在右侧发区将头发向上提拉，扭转并在顶区固定。

05 将顶区的头发扭转后调整出层次并固定。

06 在后发区右侧取一束头发，向上提拉并扭转。

07 将扭转好的头发固定。

08 将后发区右侧的头发向上提拉，扭转并固定。

09 将后发区左侧的头发向右扭转并固定。

10 从后发区左下方取一束头发，向右侧扭转并固定。

11 将后发区剩余的头发扭转。

12 扭转后，将头发的发尾固定。

13 在顶区佩戴花环。

14 在后发区佩戴造型花。

15 在后发区下方佩戴造型花。

121

新娘灵动
自然发型

BRIDE HAIRSTYLE

TUTORIAL

此款发型的重点在于打造刘海区发丝的飘逸
感，对头发烫卷、用尖尾梳整理和用发胶定型，
可以使刘海区的发丝更加灵动自然。

01 将顶区头发扎马尾。

02 将马尾中的头发从下向上掏转。

03 向下拉伸以收紧头发。

04 将马尾中的头发与后发区左侧的头发结合起来编发。

05 将马尾中的头发与后发区右侧的头发结合进行编发。

06 将编好的头发的发尾固定。

07 将固定好的头发向上打卷，收拢并固定。

08 将左侧发区的头发在后发区打卷并固定。

09 将右侧发区的头发进行两股扭转并在后发区固定。

10 将后发区剩余的头发向上打卷并固定。

11 将刘海区的头发向上提拉并倒梳。

12 调整刘海区及右侧发区的头发，调整发丝的层次感。

13 调整左侧发区的头发，调整发丝的层次。

14 在后发区左侧佩戴饰品，装饰发型。

15 在右侧发区佩戴饰品，装饰发型。

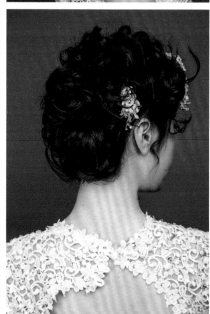

新娘灵动
自然发型

BRIDE HAIRSTYLE

TUTORIAL

此款发型的重点是塑造层次感，发丝的卷曲
角度和摆放位置很重要。注意，适当用发丝
对额头进行修饰。

01 将右侧发区的头发适当调整出层次，将其扭转并固定。

02 在后发区取一束头发，将其扭转后固定。

03 用手抽拉发丝，使其更具层次感。

04 将刘海区的头发上翻转并抽拉出层次。

05 将左侧发区的头发扭转，调整发尾的层次后将其固定。

06 用尖尾梳调整刘海区及两侧发区头发的层次。

07 在后发区取一束头发，向上提拉并扭转，保留发尾层次后将其固定。

08 继续从后发区取一束头发，将其打卷，调整发尾层次后将其固定。

09 将后发区右下方的头发保留发尾层次后向上固定。

10 将后发区剩余的头发调整出层次后向上固定。

11 用尖尾梳调整头发表面的层次。

12 佩戴饰品，装饰发型。

新娘复古优雅发型

▶ 扫描二维码
观看教学视频

BRIDE HAIRSTYLE

新娘复古
优雅发型

TUTORIAL

此款发型后发区的波纹夹起到了临时固定的作
用。注意在打造发型的过程中，对后发区的头
发进行了细致的固定，使其轮廓更加饱满。

01 用波纹夹将除刘海区的头发在后发区收拢并固定。

02 在后发区中间的位置取一束头发并倒梳。

03 将倒梳好的头发向上打卷并固定。

04 在后发区左侧取一束头发，进行倒梳。

05 将倒梳好的头发斜向上打卷并固定。

06 将后发区右侧的头发倒梳后斜向上打卷并固定。

07 将固定好的头发喷胶定型，待发胶干透后取下波纹夹。

08 用发卡将后发区两侧的头发收拢并固定。

09 用波纹夹将刘海区的头发固定。

10 用尖尾梳将头发向前推出弧度。

11 用波纹夹将推好的头发固定。

12 继续将头发推出弧度，将发尾收拢并固定。

13 将左侧刘海适当推出弧度并用波纹夹固定，将剩余的发尾在后发区收拢并固定。

14 将刘海区的头发喷胶定型，待发胶干透后取下波纹夹。

15 在头顶及后发区佩戴饰品，装饰发型。

BRIDE HAIRSTYLE

新娘复古
优雅发型

TUTORIAL

饰品的佩戴最忌乱搭，此款发型用绿藤连接
了皇冠与造型花，虽然饰品的种类多，但不
会让人感觉乱。

01 在两侧发区各取一束头发，用电卷棒烫卷。

02 将右侧发区的头发在后发区扭转并固定。

03 将左侧发区的头发在后发区扭转并固定。

04 将顶区的头发扭转后隆起一定的高度。

05 将顶区的头发在后发区固定。

06 整理刘海区的头发，使其呈现丰富自然的层次。

07 将刘海区的头发在后发区固定。

08 将后发区左侧的头发向右侧扭转并固定。

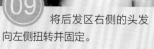
09 将后发区右侧的头发向左侧扭转并固定。

10 继续从后发区左侧取头发，向右侧扭转并固定。

11 从后发区下方取一束头发，向上扭转并固定。

12 将后发区剩余的头发从左向右扭转。

13 将剩余的发尾收起后固定。

14 在头顶位置佩戴饰品并搭配绿藤，装饰发型。

15 在后发区佩戴造型花，装饰发型。

新娘复古
优雅发型

此款发型中，刘海区的头发呈现自然优美的
弧度，偏向一侧的华丽皇冠使发型显得优雅
而高贵。

01 将刘海区的头发推出一定的弧度后扭转并固定。

02 将刘海的发尾与右侧发区的头发结合，在后发区扭转。

03 将扭转好的头发在后发区固定。

04 将左侧发区的头发进行扭转。

05 将扭转好的头发在后发区固定。

06 在后发区右侧取一束头发，向左提拉并扭转。

07 将扭转好的头发在后发区左侧固定。

08 从后发区左侧取一束头发，向右横向提拉并扭转。

09 将扭转好的头发在后发区右侧固定。

10 将后发区下方的部分头发进行两股编发。

11 将编好的头发向上提拉，在左侧发区固定。

12 将后发区剩余的头发进行三股编发。

13 将编好的头发在右侧发区固定。

14 在左侧发区佩戴皇冠，装饰发型。

15 在后发区佩戴饰品，装饰发型。

BRIDE HAIRSTYLE

新娘复古
优雅发型

TUTORIAL

此款发型的翻卷及编发都旨在塑造出优美的
弧度，佩戴金属材质的饰品，使发型更显典雅。

01 用尖尾梳将刘海区的头发处理得光滑伏贴一些。

02 将刘海区的发尾与右侧发区的头发及部分后发区的头发结合，进行两股续发编发。

03 将编好的头发在后发区扭转并固定。

04 将左侧发区的头发向后发区扭转。

05 将扭转好的头发在后发区固定。

06 将后发区右侧的头发向左侧扭转并固定。

07 将后发区左侧的头发向右侧扭转并固定。

08 在后发区取一束头发，向上打卷并固定。

09 继续将后发区的头发向上固定。

10 将后发区剩余的头发向上打卷并固定。

11 在头顶及后发区佩戴饰品，装饰发型。

12 将饰品上的丝带整理出层次后固定。

此款发型中的绿藤缓和了皇冠饰品的生硬感，
使饰品与发型更好地结合在一起。两侧垂落
的卷曲发丝使发型更加柔美。

01 在顶区将绿藤缠绕在皇冠上，装饰发型。

02 将左侧发区的头发在后发区打卷并固定。

03 将右侧发区的头发向后发区扭转并固定。

04 将剩余的发尾继续扭转，在后发区固定。

05 将右侧发区剩余的头发在后发区扭转并固定。

06 从后发区左侧取一束头发，向上打卷并固定。

07 从后发区右侧取一束头发，向上打卷并固定。

08 在后发区右下方取一束头发，向上扭转并固定。

09 在后发区左下方取一束头发，扭转并固定。

10 将后发区右下方的头发扭转并固定。

11 将后发区左下方的头发扭转并固定。

12 将后发区最下方的头发打卷，收拢并固定。

在打造此款发型时，将后发区下方的头发进
行编发，将其向上打卷并固定，使头发呈现
出自然的纹理，丰富后发区的层次，与造型
花和绿藤饰品更好地搭配在一起。

01 将左侧发区的头发进行两股编发。

02 将编好的头发在后发区扭转并固定。

03 将右侧发区的头发在后发区扭转并固定。

04 将刘海区的头发扭转并倒梳。

05 将刘海区的头发在后发区固定。

06 将后发区右侧的头发扭转并固定。

07 将后发区左侧的头发扭转并固定。

08 从后发区右下方取一束头发，将其扭转并固定。

09 从后发区左下方取一束头发，向右侧扭转。

10 将扭转好的头发在后发区固定。

11 将后发区下方剩余的头发编三股辫。

12 将编好的头发向上打卷并固定。

13 在头顶佩戴绿藤，装饰发型。

14 在头顶佩戴饰品，装饰发型。

15 在后发区佩戴造型花，装饰发型。

BRIDE HAIRSTYLE

♥ 新娘复古 ♥
优雅发型

TUTORIAL

在打造此款发型时，将发辫打卷，使刘海区
头发的层次更加丰富。佩戴飘逸唯美的帽饰，
使整体效果浪漫而优雅。

01 在头顶偏左侧佩戴礼帽饰品。

02 将刘海区的头发打卷并调整出层次，在头顶固定。

03 将右侧发区的头发进行三股编发。

04 将编好的头发打卷并在右侧发区固定。

05 将顶区的头发在后发区进行三股编发。

06 将编好的头发打卷并调整出层次后将其固定。

07 将左侧发区的部分头发进行三股编发。

08 将编好的头发打卷并调整出层次，在后发区固定。

09 将左侧发区剩余的头发进行三股编发。

10 将编好的头发打卷并调整出层次，在后发区固定。

11 在后发区取一束头发，进行三股编发。

12 将编好的头发打卷，调整出层次后将其固定。

13 从后发区右下方取一束头发，扭转并收拢。

14 将后发区的头发打卷并固定。

15 在后发区佩戴饰品，装饰发型。

新娘复古
优雅发型

BRIDE HAIRSTYLE

TUTORIAL

此款后盘发用硬网纱与帽饰结合来装饰，使
发型复古而不失浪漫。

01 在头顶偏左侧位置佩戴饰品。

02 从刘海区向右侧发区方向进行三带一编发。

03 边编发边带入顶区的头发，在后发区将发辫固定。

04 将左侧发区的头发进行三带一编发，将其在后发区固定。

05 将后发区左右两侧的头发对向扭转并固定。

06 从后发区右下方取一束头发，将其向上打卷并固定。

07 从后发区右侧取一束头发，进行两股编发并抽出层次。

08 将调整好的头发在后发区左侧固定。

09 继续取一束头发，以同样的方式进行操作。

10 将调整好的头发在后发区的右侧固定。

11 将后发区剩余的头发进行三股编发。

12 将编好的头发向上打卷并固定。

13 用硬网纱做出发带效果，装饰发型。

14 用硬网纱抓出蝴蝶结，固定在后发区，装饰发型。

▶ 扫描二维码
观看教学视频

BRIDE HAIRSTYLE

新娘复古
优雅发型

TUTORIAL

此款发型中，刘海区的头发应呈现优美的弧
度，不要将头发推出很大的弧度。

01 在头顶位置分出两片刘海区的头发，将其临时固定。

02 在后发区右侧用波纹夹固定头发。

03 在后发区左侧用波纹夹固定头发。

04 在后发区左侧将部分头发进行三股编发。

05 将编好的头发向上打卷并固定。

06 将后发区剩余的头发进行三股编发。

07 将编好的头发向上打卷并固定。

08 将右侧刘海区的头发调整出弧度后，用波纹夹固定。

09 将头发向右侧发区处理出圆润的弧度。

10 用波纹夹固定刘海区弧度，将剩余的发尾在后发区扭转并固定，将刘海喷胶定型。

11 将左侧刘海区的头发用波纹夹固定，用尖尾梳辅助调整出弧度。

12 继续将头发处理出弧度，将发尾在后发区固定，将调整好的头发喷胶定型。

13 待发胶干透后取下波纹夹。

14 佩戴帽子及绢花饰品，装饰发型。

扫描二维码
观看教学视频

BRIDE HAIRSTYLE

♥ 新娘复古
优雅发型 ♥

TUTORIAL

此款发型中，帽子偏向右侧固定，以使发型
两侧更加均衡。在发型左侧波纹位置佩戴蜻
蜓饰品，在均衡发型的同时使其更加唯美。

01 将后发区中间的头发进行三股编发。

02 将编好的头发打卷，在后发区下方固定。

03 将右侧发区的头发进行两股编发。

04 将编好的头发抽松，使其蓬松并固定在后发区左侧。

05 将左侧发区的头发进行两股编发。

06 将编好的头发适当抽松，使其更加自然。

07 将头发在后发区右侧固定。

08 用尖尾梳推刘海区的头发，使其隆起自然的弧度。

09 在隆起的头发的两侧固定波纹夹，使刘海隆起更高。

10 继续用尖尾梳将刘海区的头发推出弧度。

11 用波纹夹固定刘海后，继续用尖尾梳推出弧度。

12 推好刘海区的弧度后，将剩余的发尾在后发区固定。

13 为波纹喷胶定型。

14 取下波纹夹，在头顶偏向右侧佩戴帽子。

15 在波纹上佩戴蜻蜓饰品，装饰发型。

BRIDE HAIRSTYLE

♥ 新娘复古
优雅发型 ♥

TUTORIAL

此款发型中，永生花的佩戴起到了画龙点睛
的作用，使帽子与发型的搭配更加协调，同
时增加了发型的柔美感。

01 在右侧发区用波纹夹固定头发。

02 将右侧发区的头发进行三股编发，将其打卷并固定。

03 在后发区右侧取头发，向前打卷并固定在右侧发区。

04 将左侧发区的头发用波纹夹固定。

05 将固定好的头发向上打卷并在后发区左侧固定。

06 在后发区取头发，向左侧打卷并固定。

07 将刘海区右侧的一部分头发进行两股编发。

08 将编好的头发适当抽出层次。

09 将抽丝的头发在右侧发区打卷并固定。

10 将刘海区右侧剩余的头发进行两股编发并抽出层次。

11 将刘海区左侧的一部分头发进行两股编发并抽出层次。

12 将抽丝头发的发尾在后发区固定。

13 将刘海区剩余的头发进行两股编发并抽出层次。

14 将抽丝的头发在后发区固定。

15 用帽子和永生花装饰发型。

▶扫描二维码
观看教学视频

BRIDE HAIRSTYLE

新娘复古
优雅发型

TUTORIAL

此款发型的重点在右侧，在左侧后发区佩戴
了较多的造型花，使发型两侧平衡而协调。

01 将后发区左侧的头发用波纹夹固定。

02 将后发区左侧的头发进行三股编发。

03 将编好的头发在后发区的左下方打卷并固定。

04 将刘海区的头发临时固定。

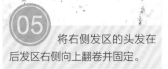

05 将右侧发区的头发在后发区右侧向上翻卷并固定。

06 从后发区取一部分头发，在后发区右侧向上翻卷并固定。

07 将后发区剩余的头发进行三股编发。

08 将编好的头发向上打卷并在后发区固定。

09 将刘海区的头发用波纹夹固定，使其更加伏贴。

10 用波纹夹将头发固定出弧度并喷胶定型。

11 待发胶干透后，取下波纹夹并用隐藏式的发卡将头发固定，以使头发更加伏贴。

12 在头顶佩戴礼帽，装饰发型。然后佩戴造型花，装饰发型。

BRIDE HAIRSTYLE
♥ 新娘复古 ♥
优雅发型
TUTORIAL

此款发型中，两侧发区的头发在向后打卷并
固定时要呈现一定的饱满度，不要收得过紧。
用两侧发区的头发打造出发型的轮廓。

01　将顶区的头发倒梳，以增加发量。将两端的头发向中间收拢并向上推，将其隆起一定高度后固定。

02　在后发区左侧取一束头发，向中心位置翻卷并固定。

03　将发尾继续向上打卷并固定。

04　在后发区取一束头发，向上打卷并固定。

05　在后发区左侧取一束头发，向上打卷并固定。

06　在后发区右侧取一束头发，向左侧提拉，扭转并固定。

07　将后发区左下方的头发向上打卷并固定。

08　将后发区右下方的头发向上打卷并固定。

09　将右侧发区的头发向后打卷并固定。

10　将左侧发区的头发向后打卷并固定。

11　调整刘海区头发的弧度，用波纹夹将头发固定并喷胶定型，待发胶干透后取下波纹夹。

12　在头顶佩戴饰品，装饰发型。

BRIDE HAIRSTYLE
新娘复古
优雅发型
TUTORIAL

从后发区观察此款发型，发尾呈8字形。需
要注意的是，后发区最后一片头发的打卷和
固定决定了发型的轮廓，后发区发型的轮廓
要圆润饱满。

01　调整刘海的层次。

02　将刘海区的头发在后发区固定。

03　将左侧发区的头发扭转后在后发区固定。

04　将后发区右侧的头发在后发区扭转并固定。

05　在后发区取一束头发，向上打卷并固定。

06　在后发区右侧取一束头发，向上打卷并固定。

07　在后发区左侧取一束头发，将其打卷并固定。

08　继续在后发区下方取一束头发，向上翻卷并固定。

09　在后发区下方继续向上打卷并固定头发。

10　将后发区剩余的头发斜向上打卷。

11　在刘海区上方佩戴永生花。

12　在后发区佩戴永生花，装饰发型。

此款发型中，后发区下方的造型呈左右互相
交替包裹的状态，这样可以使发型轮廓更加
饱满，衔接得更加自然。

BRIDE HAIRSTYLE

新娘复古
优雅发型

TUTORIAL

01 将顶区的头发扎马尾。

02 将马尾中的头发从上向下掏转。

03 将发尾缠绕在皮筋位置并固定。

04 将右侧发区的部分头发向左提拉，打卷并固定。

05 将左侧发区的头发向右提拉并打卷，在后发区将其固定。

06 将右侧发区的头发向左扭转，在后发区的左侧固定。

07 将左侧发区的头发进行两股扭转并抽出层次。

08 将调整好的头发向上打卷并固定。

09 将右侧发区剩余的头发用同样的方式处理。

10 将后发区右侧的头发向左上方提拉，扭转并固定。

11 将固定好之后剩余的发尾与后发区剩余的头发结合在一起向右提拉，扭转并固定。

12 将后发区剩余的发尾向左上方提拉，打卷并固定。

13 调整刘海区左侧的头发的层次，在后发区将其固定。

14 调整刘海区右侧的头发的层次并在后发区将其固定。

15 佩戴饰品，装饰发型。

在打造此款发型时，注意额头位置打卷的摆放和层次，发卷的大小不要过于一致，饰品中和了额头位置的发卷的生硬感。

BRIDE HAIRSTYLE

新娘复古
优雅发型

TUTORIAL

01 将左侧发区的头发进行三股编发。

02 将编好的头发向上打卷并固定。

03 从刘海区中分出一束头发，进行三股编发。

04 将编好的头发打卷并固定。

05 将刘海区剩余的头发进行三股编发。

06 将编好的头发向上打卷并固定。

07 将右侧发区的头发进行三股编发。

08 将编好的头发打卷并固定。

09 将顶区的头发向上推，使其隆起成饱满的弧度。

10 从后发区左侧分出一束头发，将其向上打卷并固定。

11 从后发区右侧分出一束头发，向上打卷并固定。

12 将后发区右侧的头发向左上方提拉，打卷并固定。

13 将后发区左侧剩余的头发向右上方提拉并固定。

14 用绿藤装饰发型。

15 佩戴造型花饰品，装饰发型。

BRIDE HAIRSTYLE
新娘复古
优雅发型
TUTORIAL

在打造此款发型时，注意对两侧发区的头发
层次进行调整，不要让头发过于伏贴，而要
使其呈现自然的效果。

01 将后发区的部分头发进行三股编发，向上打卷并固定。

02 从后发区右下方取头发，进行三带一编发。

03 将编好的头发向上提拉并在后发区左侧固定。

04 从后发区左侧取头发，进行三带一编发。

05 边编发边带入后发区剩余的头发。

06 将编好的头发向上进行固定。

07 从顶区开始，在左侧进行三带一编发。

08 继续向下编发，将右侧发区的头发带入发辫中。

09 将编好的头发的发尾打卷，收拢并固定。

10 调整刘海区右侧头发的层次并将其固定。

11 调整刘海区左侧头发的层次。

12 将调整好的头发在后发区固定。

13 在头顶位置佩戴发带。

14 在后发区右侧佩戴造型花。

15 在后发区用造型花点缀发型。

处理此款发型时，需要将后发区的发辫相结合，打造出饱满的发型轮廓。注意发辫的摆放位置和叠加方式，交替摆放使后发区的发型不过于生硬。

01 从后发区左侧取头发，进行三股编发。

02 将编好的头发在后发区的右侧固定。

03 将右侧发区的头发进行三股编发。

04 将编好的头发在后发区的左侧固定。

05 将左侧发区的头发进行两股辫扭转，在后发区固定。

06 在后发区右侧取头发，进行三股编发。

07 将编好的头发在后发区左上方固定。

08 在后发区左下方取头发，进行三股编发。

09 将编好的头发在后发区右下方固定。

10 将后发区左下方的头发做三股编发，并向右上方固定。

11 将后发区剩余的头发进行三股编发。

12 将编好的头发向上收拢并固定。

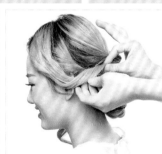
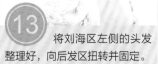

13 将刘海区左侧的头发整理好，向后发区扭转并固定。

14 将刘海区右侧的头发向后发区扭转并固定。

15 在额头处佩戴饰品，装饰发型。

此款发型中，后发区的结构不是垂直向下的，
而是偏向一侧，这样的处理方式与网纱等饰
品结合，可以使发型更加柔美。

01 将右侧发区的头发进行三股编发。

02 从顶区取头发，将其穿插在辫子中。

03 继续在顶区取头发，将其穿插在辫子中。

04 将后发区的头发分片穿插在辫子中。

05 穿插好之后，将头发收拢并固定。

06 将左侧发区的三股头发进行交叉。

07 交叉后，将左侧发区的头发进行三带一编发。

08 将编好的头发在后发区的右侧固定。

09 将后发区的发尾打卷并固定。

10 将刘海区的头发进行两股扭转。

11 将扭转好的头发在后发区固定。

12 在头顶位置佩戴饰品，装饰发型。

13 将网纱抓出褶皱层次，装饰发型。

14 在后发区佩戴饰品，装饰发型。

新娘复古
优雅发型

处理此款发型时，要注意两侧发区的头发向
后发区方向编发的走向，要用编发将后发区
发型的轮廓打造得更加饱满。

01 从顶区取头发，进行三股编发。

02 将编好的头发用皮筋固定。

03 从左侧发区取头发，向后发区方向进行三带一编发。

04 将编好的头发适当向上提拉，将其在后发区右侧固定。

05 将右侧发区的头发进行三带一编发。

06 边编发边带入部分后发区的头发。

07 将编好的头发在后发区的左侧固定。

08 从后发区下方取部分头发，将其穿插在三股辫中。

09 继续从后发区取头发，将其穿插在三股辫中。

10 穿插好之后将发尾打卷并固定。

11 将后发区剩余的头发向上打卷并固定。

12 在头顶佩戴饰品，装饰发型。

13 在后发区左侧空隙位置佩戴绢花，装饰发型。

14 在后发区右侧佩戴绢花，装饰发型。

新娘复古
优雅发型

在打造此款发型时，注意用尖尾梳对后发区
下方头发的层次进行调整，使后发区的造型
更加柔和、饱满。

01 在顶区取头发，向后发区左侧进行三带一编发。

02 继续向下编发，编入左侧发区的头发。

03 将后发区左侧的头发扭转并固定。

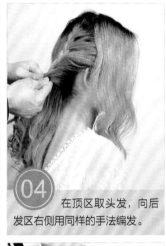

04 在顶区取头发，向后发区右侧用同样的手法编发。

05 将后发区右侧的头发扭转并在后发区固定。

06 将后发区的头发进行鱼骨辫编发并用三股编发收尾。

07 将后发区下方的部分头发向上打卷并固定。

08 将后发区的辫子向上打卷并固定。

09 将后发区剩余的头发向上打卷并固定。

10 固定好之后用尖尾梳倒梳，使头发表面更具有层次感。

11 用尖尾梳将刘海区左侧的头发推出弧度。

12 处理好刘海区左侧的头发后，将其在左侧耳后方固定。

13 将刘海区右侧的头发用尖尾梳推出弧度。

14 继续推出弧度，将其在耳后固定。

15 佩戴饰品，装饰发型。

新娘复古
优雅发型

BRIDE HAIRSTYLE
TUTORIAL

在对后发区的头发打卷时要注意发卷的摆放
位置，发卷与发卷的结合最终形成后发区饱
满的发型轮廓。

01 在顶区取头发，进行三带一编发。

02 将编好的头发在后发区扭转并固定。

03 从左侧发区取头发，进行两股编发，在后发区右侧固定。

04 从右侧发区取头发，进行两股编发，在后发区左侧固定。

05 将左侧发区剩余的头发进行两股编发。

06 将编好的头发在后发区右侧固定。

07 将右侧发区剩余的头发进行两股编发，向左侧固定。

08 在后发区取适量的头发，将其向上打卷并固定。

09 将后发区右侧的部分头发向后发区内侧翻卷并固定。

10 将翻卷后剩余的发尾向上扭转，在后发区左侧固定。

11 将后发区左侧的头发向后发区内侧打卷并固定。

12 将后发区剩余的头发向上打卷并固定。

13 在后发区左侧佩戴造型花，装饰发型。

14 在头顶佩戴饰品，装饰发型。

后发区下方的头发在衔接时要固定牢固，并
且呈适当收紧的状态，后发区发型轮廓越靠
下越窄，过渡要自然。

01 将刘海区的头发向左侧进行三带一编发。

02 继续向左侧编发，注意头发的提拉角度。

03 用三股编发进行收尾。

04 将编好的头发在后发区固定。

05 将右侧发区的头发进行三带一编发。

06 边编发边带入后发区的头发，在后发区将其固定。

07 将后发区右侧的头发向左上方翻卷。

08 将翻卷好的头发固定。

09 将后发区左侧的头发向右扭转并固定。

10 从后发区下方取部分头发，向上翻卷并固定。

11 继续从后发区下方取头发，向上扭转并固定。

12 将后发区剩余的头发进行打卷。

13 将打卷好的头发固定。

14 在后发区佩戴饰品，装饰发型。

将后发区的头发向上翻卷并固定时，要保留
一定的空间感，使后发区的发型轮廓更加饱
满而有层次。

01 从顶区取一束头发，在后发区向上打卷。

02 将打好的卷在后发区固定。

03 将顶区右侧的头发在后发区向上打卷。

04 将打好的发卷与之前的发卷相互衔接并固定。

05 以同样的方式从后发区下方取头发，向上翻卷。

06 将左侧发区的头发向后发区打卷。

07 将后发区剩余的头发向上打卷。

08 将打好的发卷在后发区的下方固定。

09 将顶区剩余的头发从左向右盘出弧度。

10 盘好之后，将发尾打卷并固定。

11 将刘海区剩余的头发向耳后扭转并固定。

12 固定好之后将剩余的发尾打卷并在后发区固定。

13 将网纱在左侧耳后的位置固定。

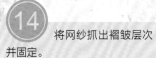

14 将网纱抓出褶皱层次并固定。

15 佩戴造型花饰品，装饰发型。

BRIDE HAIRSTYLE

新娘复古
优雅发型

TUTORIAL

此款发型后盘的造型要搭配柔美的皇冠饰品，
整体发型呈现端庄、优雅的美感。

01 将顶区的头发适当向上推，使其隆起一定的高度。

02 将顶区的头发扭转并固定。

03 将左侧发区的头发向后发区扭转并固定。

04 将右侧发区的头发向后发区扭转并固定。

05 在后发区右侧取头发，向后发区左侧扭转并固定。

06 从后发区左侧取头发，向后发区右侧扭转并固定。

07 将刘海区右侧的头发向后发区扭转并固定。

08 将刘海区左侧的头发向后发区扭转并固定。

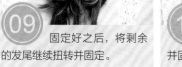

09 固定好之后，将剩余的发尾继续扭转并固定。

10 将发尾向反方向扭转并固定。

11 在后发区右侧将头发向下扭转并固定。

12 将后发区左侧的头发向后发区中心位置扭转并固定。

13 将后发区剩余的头发向上翻卷。

14 将翻卷好的头发固定后，调整后发区造型的轮廓。

15 在头顶佩戴皇冠，装饰发型。

BRIDE HAIRSTYLE

♥ 新娘复古
优雅发型 ♥

TUTORIAL

在打造此款发型时，要特别注意头发的层次，
从侧面观察发型应呈现层次递进的美感。

01 将右侧发区的头发向后发区左侧扭转并固定。

02 将左侧发区的头发向后发区扭转并固定。

03 在后发区右侧取头发，向左扭转并固定。

04 在后发区左侧取头发，向右扭转。

05 将扭转好的头发在后发区右侧固定。

06 在后发区右下方取头发，向左扭转并固定。

07 继续将后发区下方的头发向左扭转并固定。

08 将后发区下方的头发向上打卷并固定。

09 将后发区剩余的头发向上收拢并固定。

10 在刘海区分出一片头发，向顶区扭转并固定。

11 继续从刘海区分出一片头发，向顶区扭转并固定。

12 固定好之后，将剩余的发尾扭转并固定。

13 将刘海区剩余的头发继续向上扭转并固定。

14 将剩余的发尾在后发区扭转并固定。

15 佩戴永生花饰品，装饰发型。

BRIDE HAIRSTYLE

♥ 新娘复古 ♥
优雅发型

TUTORIAL

在向后发区固定两股编发时，可适当将其进行抽丝处理，这样可以使发辫更加自然，发型层次更加丰富。

01 从顶区取头发，进行三股编发。

02 将编好的头发在后发区打卷并固定。

03 将后发区左侧的头发向右侧提拉，打卷并固定。

04 将后发区右侧的头发向后发区左上方提拉，打卷并固定。

05 将左侧发区的头发进行两股编发，将其在后发区右侧固定。

06 将右侧发区的头发进行两股编发。

07 将编好的头发向后发区的左侧固定。

08 从刘海区分出一束头发，将其拉至后发区进行两股编发并抽松。

09 将编好的头发在后发区的左侧固定。

10 将刘海区剩余的头发进行两股编发。

11 将编好的头发在后发区的下方固定。

12 在头顶、后发区等处佩戴饰品，装饰发型。

BRIDE HAIRSTYLE

新娘复古
优雅发型

♥　　♥

TUTORIAL

此款发型中，瀑布辫编发使后发区的层次更
加丰富。在后发区佩戴造型花，让后发区的
发型轮廓更加饱满。

01 从右侧发区向后发区的左侧进行瀑布辫编发。

02 每交叉一次则垂落一片头发。

03 编好之后，在后发区左侧将其固定。

04 将左侧发区的头发向后发区的右侧扭转并固定。

05 从后发区的右侧向左侧进行两股扭转编发并固定。

06 将后发区剩余的头发向右上方提拉，扭转并固定。

07 将剩余的发尾在后发区左侧固定。

08 将刘海区的头发进行两股编发，将其在后发区固定。

09 在后发区的左侧佩戴饰品，装饰发型。

10 在后发区的右侧佩戴蝴蝶结饰品，装饰发型。

新娘简约大气发型

▶扫描二维码
观看教学视频

BRIDE HAIRSTYLE

新娘简约
大气发型

TUTORIAL

用刘海区的头发修饰此款发型顶区的轮廓，
使其更加饱满。在处理发型时，不需要的头
发可以在处理主要发型轮廓前固定好。

01　将顶区的头发在头顶位置扎马尾。

02　将后发区的头发进行三股编发。

03　将左侧发区的部分头发进行两股编发后，在后发区固定。

04　将右侧发区的部分头发进行两股编发后，在后发区固定。

05　将马尾中的头发分片用电卷棒烫卷。

06　将马尾中的头发调整出层次后，在顶区固定。

07　在头顶佩戴饰品。

08　将刘海区的部分头发进行两股编发。

09　将编好的头发进行抽丝处理，使其具有层次感。

10　将抽丝好的头发在后发区右侧固定。

11　将左侧发区的部分头发进行两股编发，抽出层次后固定。

12　将刘海区的头发用电卷棒向下烫卷，将烫好的发卷调整出层次并喷胶定型。

▶扫描二维码
观看教学视频

BRIDE HAIRSTYLE

新娘简约
大气发型

TUTORIAL

饰品在这款发型中起到的作用是平衡两侧发
区的造型，同时使发型轮廓更加饱满。

01 用波纹夹固定两侧发区的头发。

02 在顶区取头发，进行三股编发。

03 将编好的头发进行适当抽丝，使其具有层次。

04 将抽丝好的头发在头顶偏左侧固定。

05 继续在顶区取头发，进行三股编发。

06 将编好的头发适当调整层次并在顶区固定。

07 将刘海区及右侧发区的头发扭转后固定。

08 将左侧发区的头发进行三股编发。

09 将编好的头发在后发区的上方固定。

10 从后发区上方取头发，进行三股编发。

11 将编好的头发向上提拉，打卷并固定。

12 继续在后发区取头发，用同样的方式进行操作。

13 将后发区剩余的部分头发倒梳，向上打卷并固定。

14 将后发区剩余的头发倒梳并向上固定。

15 佩戴饰品，对发型进行装饰。

新娘简约
大气发型

BRIDE HAIRSTYLE

TUTORIAL

在此款简单干净的盘发中，刘海区自然垂落
的发丝增加了发型的生动感。

01 从后发区左侧取头发，进行三带一编发。

02 将顶区及右侧发区的部分头发编入其中。

03 在后发区将编好的头发固定。

04 在后发区左侧取头发，将其扭转并固定。

05 在后发区右侧取头发，向上提拉，扭转并固定。

06 从后发区下方取头发，向上提拉，打卷并固定。

07 将后发区最下方的头发向上提拉并扭转。

08 将扭转好的头发固定。

09 将左侧发区的头发调整出层次并在后发区固定。

10 从刘海区取头发，向后进行两股编发。

11 将编好的头发在后发区固定。

12 继续从刘海区取头发，向后松散地扭转后固定。

13 在头顶佩戴饰品，装饰发型。

14 佩戴发带并将其在后发区的下方固定。

15 继续在头顶佩戴饰品，隐藏部分发带。

此款发型顶区的编发自然地向上隆起，塑造
出了发型的轮廓，同时编发的纹理使发型的
轮廓更加柔美。

01 从顶区向后发区进行两股续发编发。

02 向后编发并带入后发区的头发。

03 将头发扭转并固定在后发区。

04 在顶区偏右侧取头发，进行两股续发编发并固定。

05 在顶区偏左侧取头发，进行两股续发编发。

06 将编好的头发向后发区的右侧扭转并固定。

07 将右侧发区与后发区的头发结合，进行两股续发编发。

08 将编好的头发向后发区的左侧扭转并固定。

09 将左侧发区的头发进行两股续发编发，向右侧固定。

10 将后发区右侧的头发向上扭转并固定，调整发尾层次。

11 将后发区剩余的头发固定。

12 在头顶位置佩戴饰品。

13 用尖尾梳调整刘海区头发的层次后，将其固定。

14 在后发区佩戴造型花，装饰发型。

BRIDE HAIRSTYLE

新娘简约
大气发型

TUTORIAL

此款发型中，后发区下方及左右两侧发区都
保留一些卷曲的发丝，使整体发型呈现简约、
自然而浪漫的感觉。

01　将刘海区的头发向右侧发区方向进行两股续发编发。

02　编发时带入右侧发区及部分后发区的头发，向后扭转。

03　将扭转好的头发在后发区固定。

04　从顶区取头发，在后发区将三股头发交叉。

05　在后发区左侧进行三带一编发。

06　将编好的头发在后发区的右侧固定。

07　将左侧发区的头发进行编发。

08　将左侧发区的头发以三带一的手法向后编发。

09　将编好的头发在后发区打卷并固定。

10　在后发区下方取头发，进行三股编发。

11　将编好的头发在后发区的左侧固定。

12　继续在后发区取头发，进行三股编发。

13　将编好的头发在后发区的右侧固定。

14　将后发区下方剩余的头发用电卷棒烫卷。

处理此款发型时，要注意对发型层次的把握，
如果将全部发丝都处理得过于光滑，发型就
会显得老气。

01 从顶区向右侧发区进行两股续发编发。

02 边编发边带入后发区的头发。

03 将编好的头发在后发区扭转，收紧并固定。

04 将后发区下方的头发向上打卷并固定。

05 将左侧发区的部分头发进行三股编发并固定。

06 将左侧发区剩余的头发向后发区扭转并固定。

07 调整好后发区头发的层次。

08 用尖尾梳将刘海区的头发倒梳，使其饱满而具有丰富的层次感。

09 在头顶佩戴饰品，装饰发型。

10 在后发区佩戴饰品，装饰发型。

此款发型中，刘海区要保留一些自然垂落的
发丝，使发型更加随意自然，增加发型的大
气感。

01　在顶区取两股头发，进行交叉。

02　从顶区开始向右侧发区进行两股编发。

03　将编好的头发在后发区扭转并固定。

04　从后发区左侧取头发，进行两股编发后，固定在后发区。

05　将右侧发区剩余的头发向后发区扭转并固定。

06　将后发区左侧的头发向后发区右侧拉，扭转并固定。

07　将后发区右侧的头发向后发区左侧提拉，扭转并固定。

08　从后发区左侧向右侧提拉头发，扭转并固定。

09　将后发区剩余的头发进行三股编发。

10　将编好的头发向上打卷并固定。

11　调整好刘海区头发的层次。

12　将刘海区的头发在后发区固定。

13　在头顶佩戴饰品，装饰发型。

14　在后发区佩戴饰品，装饰发型。

在刘海区及顶区保留一些头发的层次感，使
此款发型呈现较为自然的感觉。

01 调整刘海区头发的弧度并将其固定。

02 从右侧发区取头发，将其固定在刘海区头发的旁边，注意保留发尾的层次。

03 将顶区头发打卷后保留层次，固定在右侧发区。

04 调整头发表面的层次，并对其进行细致的固定。

05 将左侧发区的部分头发向右侧扭转，在后发区将其固定。

06 将后发区右侧的头发向上翻卷并固定。

07 继续将后发区的头发向上固定，保留发尾的层次。

08 调整发尾层次并对其进行细致的固定。

09 将后发区剩余的头发向上提拉，扭转并固定。

10 将左侧发区的部分头发扭转并在后发区固定。

11 将左侧发区剩余的头发在后发区固定。

12 在头顶和后发区佩戴饰品，装饰发型。

此款发型简单干净，充分利用了发丝来丰富
发型的层次感。佩戴绿藤和绢花饰品，使整
体发型显得柔美、简约而自然。

01 在两侧发区取一些发丝，用电卷棒烫卷。

02 将刘海区的头发向上进行两股编发。

03 将编好的头发在顶区固定。

04 从刘海区右侧取头发，将其进行三股编发后在顶区固定。

05 在右侧发区取头发，进行三股编发。

06 将编好的头发在顶区固定。

07 将顶区和部分后发区的头发在后发区扎马尾。

08 将扎好的头发进行三股编发。

09 将编好的头发向下打卷并固定。

10 将后发区的头发进行三股编发后向上固定。

11 将左侧发区的头发扭转到后发区并将其固定。

12 从后发区左侧取头发，在后发区打卷并固定。

13 将后发区剩余的头发在后发区打卷并固定。

14 在头顶佩戴绿藤，装饰发型。

15 在发型两侧佩戴绢花，装饰发型。

在处理此款发型时，用刘海区及两侧发区的
头发对顶区及后发区进行修饰，使整体发型
具有自然的层次感。

01 将顶区头发向上提拉并倒梳，增加头发的饱满度。

02 在顶区右侧取头发，向后发区左侧扭转并固定。

03 在顶区左侧取头发，向后发区右侧扭转并固定。

04 将左侧发区的头发向后发区右侧扭转并固定。

05 将右侧发区的部分头发向后发区左侧扭转并固定。

06 固定好之后，将剩余的发尾继续向上提拉，扭转并固定。

07 将右侧发区剩余的头发向后发区扭转并固定。

08 在后发区下方取头发，向上打卷并固定。

09 将后发区剩余的头发向上打卷并固定。

10 将左侧发区剩余的头发适当倒梳，并在后发区固定。

11 在刘海区分出部分头发，调整层次后提拉至后发区。

12 将调整好的头发在后发区固定。

13 扭转刘海区的头发并将其倒梳，然后向后固定。

14 在头顶佩戴饰品，装饰发型。

15 在后发区的两侧佩戴永生花饰品，装饰发型。

▶扫描二维码
观看教学视频

BRIDE HAIRSTYLE

新娘简约
大气发型

TUTORIAL

打造此款发型时，要将后发区上半部分的头
发倒梳，使后发区的发型轮廓更加饱满。将
长发缩短，使其展现柔美而简约的感觉。

01 将后发区的头发一分为二，将上半部分的头发临时固定。

02 将后发区下方的头发向上翻卷并固定。

03 将后发区剩余的头发用尖尾梳倒梳，以增加发量。

04 倒梳好后，将头发的表面梳理光滑。

05 将梳理好的头发在后发区下方收拢并进行三股编发。

06 将发尾在后发区下方隐藏好后将其固定。

07 将刘海区的头发在右侧发区用波纹夹固定。

08 将右侧刘海区的发尾和右侧发区的头发向上打卷并固定，然后喷胶定型。

09 将左侧发区的头发调整出弧度后用波纹夹固定。

10 将发尾在后发区扭转并固定，然后喷胶定型。

11 待发胶干透后取下波纹夹。

12 佩戴饰品和网眼纱，将网眼纱抓出褶皱层次，以装饰发型。

▶扫描二维码
观看教学视频

BRIDE HAIRSTYLE

新娘简约
大气发型

TUTORIAL

此款发型中，顶区的头发呈现类似丸子头的
效果，注意刘海区的发丝要呈现自然的层次
感，以使发型轮廓更加柔美。

01 在顶区取头发，用皮筋扎马尾。

02 从马尾中分出一片头发，进行两股扭转编发。

03 将扭转好的头发向上打卷并固定。

04 继续分出一片头发，进行两股扭转编发。

05 将扭转好的头发向上收拢并固定。

06 将马尾中剩余的头发做两股扭转编发后，向上收拢并固定。

07 从后发区下方取头发，向上翻卷并固定。

08 将后发区左侧的头发进行两股编发。

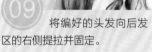

09 将编好的头发向后发区的右侧提拉并固定。

10 在后发区右侧取头发，进行两股编发。

11 将编好的头发向后发区的左侧提拉并固定。

12 将后发区剩余的头发进行两股编发。

13 将编好的头发在后发区的左侧固定。

14 调整剩余的刘海及两侧发区的头发的层次。

15 在头顶佩戴饰品，装饰发型。

BRIDE HAIRSTYLE

新娘简约
大气发型

TUTORIAL

在处理此款发型时，将有弧度的刘海及简洁
干净的编盘发相互搭配，并用绢花饰品装饰
发型，整体发型显得浪漫而清新。

01 调整刘海区头发的弧度，并将其固定。

02 将刘海区的头发的发尾进行三股编发。

03 将编好的头发在后发区打卷并固定。

04 将左侧发区的头发进行三股编发。

05 将编好的头发向上扭转并固定。

06 将右侧发区的头发向上扭转并固定。

07 将固定好的头发的发尾在后发区固定。

08 将后发区左侧的头发向上提拉，扭转并固定。

09 将后发区右侧的头发向上提拉，扭转并固定。

10 将后发区剩余的头发进行三股编发。

11 将编好的头发向上提拉，打卷并固定。

12 在头顶佩戴饰品，将其在后发区下方固定。在后发区佩戴绢花，装饰发型。

在打造此款发型时，要注意将后发区的头发
交替固定，使发型具有层次感。整个发型要
呈现光滑的感觉。

01 将刘海区的头发向下
扣卷并固定。

02 将左侧发区的头发向
上提拉，扭转并固定。

03 将右侧发区的头发向
上提拉，扭转并固定。

04 在后发区偏右侧取头
发并扭转，使其隆起一定的高度。

05 在后发区偏左侧取头
发，向右侧拉伸并扭转，使其隆
起一定的高度。

06 从后发区右侧取头发，
向左上方扭转并固定。

07 从后发区左侧取头发，
连同右侧固定后剩余的发尾一起
向右侧扭转并固定。

08 继续从左侧取头发，
向右侧扭转并固定。

09 从右侧取头发，向左
侧扭转并固定。

10 将后发区右下方的头
发向左侧扭转并固定。

11 将后发区左侧的头发
向后发区右下方扭转并固定。

12 在后发区右下方取头
发，向左上方打卷并固定。

13 将后发区剩余的头发
向右侧打卷并固定。

14 在头顶佩戴饰品，装
饰发型。

15 在左右两侧佩戴饰品，
装饰发型。

此款发型中，用刘海区及侧发区具有层次感的
发丝对饰品进行修饰，塑造出如短发一般简约
的发型。

01 在顶区取头发，将其打结在一起。

02 以同样的方式将后发区的头发进行操作。

03 将后发区右侧的头发向上提拉，扭转并固定。

04 将后发区左侧的头发向右提拉，扭转并固定。

05 从左侧发区取头发，向右侧打卷并固定。

06 从右侧发区取头发，向后发区打卷并固定。

07 在后发区下方取头发，进行三股编发。

08 将编好的头发向上打卷并固定。

09 将后发区左侧的头发进行三股编发。

10 将编好的头发向上提拉，打卷并固定。

11 继续将后发区的头发编发后向上固定。

12 将后发区剩余的头发编发后抽出层次。

13 将调整好的头发向后发区的右侧固定。

14 在头顶佩戴饰品，并在后发区下方系蝴蝶结固定。

15 用发丝修饰饰品，用尖尾梳将发丝调整出层次。

BRIDE HAIRSTYLE

新娘简约
大气发型

TUTORIAL

在处理此款发型时，将造型花与层次丰富的
刘海搭配，使整体发型饱满大气。

01　将刘海区的头发向上提拉并倒梳。

02　将右侧发区的头发进行三带一编发。

03　继续用编三股辫的手法编发。

04　将编好的头发在后发区左侧打卷并固定。

05　将左侧发区的头发进行两股续发编发。

06　将编好的头发在后发区打卷并固定。

07　将后发区左侧的头发向上打卷并固定。

08　继续从后发区分出头发，向上打卷。

09　将打好的卷向上收紧并固定。

10　将后发区剩余的头发向上打卷。

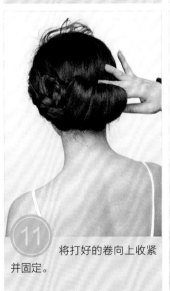

11　将打好的卷向上收紧并固定。

12　在右侧发区和后发区左侧分别佩戴绢花，装饰发型。

在打造此款发型时，将后发区的头发分为三
个区域，编发位于上下两个区域之间，以使
后发区的轮廓更加饱满且层次分明。

01 从顶区左侧分出一片头发，在后发区向上翻卷并固定。

02 从顶区右侧分出一片头发，在后发区向上翻卷并固定。

03 固定好之后，将剩余的发尾向上打卷并固定。

04 在后发区左侧分出一片头发，向上翻卷并在右侧固定。

05 从后发区右侧分出一片头发，向左侧扭转并固定。

06 固定好之后，将发尾向右侧扭转并固定。

07 将后发区下方右侧的头发向上提拉，打卷并固定。

08 将后发区下方剩余的头发在后发区右侧向上打卷。

09 将刘海区的头发用尖尾梳推出适当的弧度。

10 继续用尖尾梳将刘海区的头发推出波纹弧度并固定。

11 将左侧发区的头发用尖尾梳推出一定的弧度并固定。

12 将后发区左侧的头发进行三带一编发，以三股编发收尾。

13 将编好的头发在后发区右侧固定。

14 将后发区右侧剩余的头发用同样的方式操作。

15 佩戴饰品，装饰发型。

BRIDE HAIRSTYLE
新娘简约
大气发型
TUTORIAL

在处理此款发型后发区下方的编发时要特别
注意编发的角度，使其满足向上翻卷时对后
发区发型轮廓塑造的需要。

01 在左侧发区取头发，向右侧固定，用头发将其间隔开。

02 从后发区右侧取头发，向左侧固定，用头发将其间隔开。

03 从后发区左侧取头发，向右侧拉，用头发将其间隔开。

04 将发尾在后发区右侧固定。

05 从后发区左侧取头发，进行三股编发并固定在右侧。

06 从后发区右侧取头发，以相同的手法进行操作。

07 将左侧发区的头发进行两股编发。

08 将编好的头发在后发区右侧固定。

09 将右侧发区的头发用同样的方式进行操作。

10 从后发区左侧开始进行三带一编发。

11 将编好的头发向上翻卷并固定。

12 将后发区剩余的部分头发向上提拉并固定。

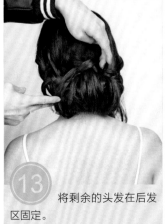

13 将剩余的头发在后发区固定。

14 将刘海区的头发在后发区扭转并固定。

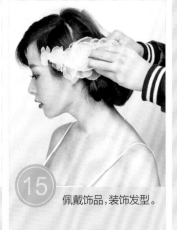

15 佩戴饰品，装饰发型。

在打造此款发型时，要注意两侧发区的头发
向上翻卷的层次，适当用发丝对饰品进行修
饰，使两者之间的结合更加自然。

01 在顶区取头发，进行三带二编发。

02 将编好的头发扭转并固定。

03 在头顶位置佩戴饰品。

04 将右侧发区及后发区的头发进行三带一编发。

05 将编好的头发在后发区左侧固定。

06 将左侧发区及部分后发区的头发进行三带一编发。

07 将编好的头发在后发区偏右侧固定。

08 将后发区剩余的部分头发向上打卷并固定。

09 继续从后发区分出头发，向上打卷并固定。

10 将后发区剩余的头发向上打卷并固定。

11 调整后发区的头发的层次。

12 将刘海区左侧的头发用尖尾梳调整出层次。

13 将调整好的头发在后发区固定。

14 将右侧发区的头发向后调整出层次。

15 将调整好层次的头发在后发区固定。

BRIDE HAIRSTYLE

新娘简约
大气发型

TUTORIAL

此款发型中，两侧发区保留的卷曲发丝不但
可以修饰脸形，还可以增加发型的柔美感。
面部棱角比较分明的人可以通过卷曲的发丝
来提升面部的柔美感。

01 在两侧发区取头发，并用电卷棒烫卷。

02 将刘海区的头发扭转并向前推，使其隆起后固定。

03 将右侧发区的头发向上扭转并固定。

04 将左侧发区的头发向上扭转并固定。

05 在后发区左侧取一片头发，向后扭转并固定。

06 将右侧发区剩余的发尾在后发区扭转并固定。

07 在后发区左侧取头发，向上提拉，扭转并固定。

08 在后发区右侧取头发，向左侧扭转并固定。

09 从后发区下方取头发，向上扭转并固定。

10 将剩余的发尾向右侧打卷并固定。

11 将后发区右侧剩余的头发进行两股编发并抽出层次。

12 将编好的头发向后发区左上方固定。

13 将后发区剩余的头发进行两股编发并抽出层次。

14 将编好的头发在后发区右侧固定。

15 在头顶佩戴饰品，装饰发型。

BRIDE HAIRSTYLE

新娘简约
大气发型

TUTORIAL

此款发型左侧发区及刘海区的发丝要呈现自
然上扬且有层次的感觉，注意不要处理得过
于光滑。与轻柔且具有质感的饰品相互搭配，
会使发型显得更加简约自然。

01 将右侧发区的头发向后发区扭转并固定。

02 从后发区右侧取头发，向上翻卷。

03 将后发区剩余的头发从左向右并向上打卷。

04 在顶区取头发，在后发区左侧进行两股编发。

05 将编好的头发进行抽丝处理，使其蓬松自然。

06 将编好的头发在后发区右侧固定。

07 将左侧发区剩余的头发进行两股编发。

08 将编好的头发抽出层次并固定。

09 将刘海区的头发倒梳，使其更具有层次感。

10 在右侧发区佩戴饰品，装饰发型。

在打造此款发型时，将部分饰品隐藏在头发中，用发丝对饰品进行修饰，使两者自然结合，使发型更加端庄大气。

01 将顶区头发扭转并向上推，将其隆起一定高度后固定。

02 在头顶佩戴花环，装饰发型。

03 将左侧发区的头发适当扭转并在后发区固定。

04 在后发区左侧取头发，向上固定。

05 将右侧发区的头发进行两股扭转，抽出层次并固定。

06 从后发区左下方取头发，进行两股扭转编发并固定。

07 调整刘海区头发的层次并固定。

08 从后发区右下方取头发，进行两股编发并抽出层次。

09 将调整好的头发在后发区左侧固定。

10 从后发区下方取头发，进行两股编发并抽出层次。

11 将调整好的头发向上提拉并固定。

12 继续从后发区下方取头发，进行两股编发。

13 对发辫进行抽丝处理，抽出层次。

14 将调整好的头发向上提拉并固定。

15 将后发区剩余的头发向上固定。

在此款发型中，刘海区及两侧发区的头发相
结合，形成饱满的轮廓。发丝要处理得饱满、
蓬松且有层次感。

01 在后发区固定假发片。

02 将顶区的头发进行两股编发并固定。

03 将顶区偏左侧的头发向后发区扭转并固定。

04 将顶区偏右侧的头发向后发区扭转。

05 将扭转好的头发固定。

06 将后发区左侧的头发向后发区右侧扭转并固定。

07 调整刘海区头发的层次并将其固定。

08 在后发区右侧取头发，向后发区扭转并固定。

09 将后发区左侧的部分头发向右侧扭转并固定。

10 将后发区右侧的头发向后发区左侧打卷并固定。

11 将后发区左侧的头发向后发区右侧打卷并固定。

12 从后发区下方取部分头发，向上翻卷固定。

13 将后发区剩余的头发向上翻卷并固定。

14 在后发区发髻上方佩戴饰品，装饰发型。

15 在发髻下方将丝带系成蝴蝶结。

231

此款发型中，两侧向上翻卷的头发要呈现自
然的层次，不要处理得过于光滑，这样与头
顶蝴蝶形饰品搭配的效果才更加理想。

01 将左右两侧发区的部分头发相结合。

02 将两侧的头发扭转在一起并在后发区固定。

03 将后发区左侧的头发向右侧扭转。

04 将扭转好的头发在后发区右侧固定。

05 将后发区右侧的头发进行两股编发。

06 将编好的头发在后发区左侧打卷并固定。

07 将后发区剩余的头发进行三股编发。

08 将编好的头发用皮筋固定。

09 将发辫向上打卷。

10 将打卷好的头发固定并调整其轮廓。

11 将左侧发区剩余的部分头发向后拉，并用尖尾梳倒梳。

12 将调整好层次的头发在后发区固定。

13 将右侧发区剩余的头发向后提拉并倒梳，使其更具有层次感，然后将其在后发区固定。

14 在头顶位置佩戴饰品，装饰发型。

233

搭配粉色系的饰品可以使简约的发型更加柔
美、自然，凸显新娘的甜美感。

01 将右侧发区的头发向左侧提拉并穿过顶区的头发。

02 用顶区的头发间隔覆盖这片头发。

03 继续从右侧发区取一片头发，用同样的方式进行操作。

04 将发尾在后发区左侧固定。

05 将右侧发区剩余的头发在后发区右侧扭转并固定。

06 将左侧发区剩余的头发在后发区扭转并固定。

07 在后发区中间位置进行三股编发。

08 将编好的头发向上打卷并固定。

09 将后发区右侧的头发进行三股编发。

10 将编好的头发向上打卷并固定。

11 将后发区剩余的头发进行三股编发。

12 将编好的头发向上打卷并固定。

13 在左侧发区佩戴饰品，装饰发型。

14 在后发区左侧佩戴蝴蝶结饰品，装饰发型。

15 在右侧发区及后发区右侧佩戴蝴蝶结饰品，装饰发型。